智能系统与技术丛书

机器学习中的概率统计

Python语言描述

张雨萌◎著

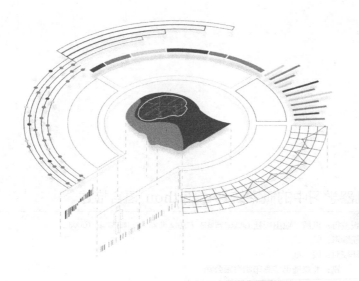

机械工业出版社
CHINA MACHINE PRESS

图书在版编目（CIP）数据

机器学习中的概率统计：Python 语言描述 / 张雨萌著 . —北京：机械工业出版社，
2020.12（2025.1 重印）
（智能系统与技术丛书）

ISBN 978-7-111-66935-7

I. 机…　II. 张…　III. ①软件工具 - 程序设计　②机器学习　IV. ① TP311.561 ② TP181

中国版本图书馆 CIP 数据核字（2020）第 230204 号

机器学习中的概率统计：Python 语言描述

出版发行：机械工业出版社（北京市西城区百万庄大街 22 号　邮政编码：100037）
责任编辑：韩　蕊
责任校对：殷　虹
印　　刷：北京捷迅佳彩印刷有限公司
版　　次：2025 年 1 月第 1 版第 5 次印刷
开　　本：147mm×210mm　1/32
印　　张：8.625
书　　号：ISBN 978-7-111-66935-7
定　　价：79.00 元

客服电话：（010）88361066　68326294

序

　　我从 2018 年开始在哈佛大学从事研究工作，这 3 年看到哈佛越来越多的专业开设了与人工智能和大数据分析相关的课程。随着近几年人工智能的应用在不同领域兴起，各个行业对从业者概率统计方面的知识以及对人工智能算法理解的要求逐渐提高。例如在我所从事的生物医学研究领域，对磁共振和 CT 图像的自动分析、配准、分类处理，很多时候都需要借助机器学习算法，而概率与统计知识又是机器学习的基础。我很希望有一本书可以帮助我快速回顾核心概念和关键应用技巧，看了张雨萌给我的本书初稿，我立刻觉得这正是我需要的。

　　到哈佛大学之前，我在加州大学洛杉矶分校当教学助理，其间指导过不少本科生，发现他们在学习概率与统计知识的时候存在以下三点问题：第一，对核心概念的理解不透彻；第二，不知道如何应用；第三，不知道如何通过编程实现。例如主成分分析和独立成分分析是生物医学领域应用最多的多变量分析方法，但是由于对独立事件和不相关事件的核心概念理解不透彻，许多学生分不清二者有何区别，在对数据进行分析应用时不知道选择哪一个好。另外，有些学生没有编程基础，从而无法实现算法。

　　这些问题通过阅读本书都可以得到解决。作者用通俗易懂的语言解释了统计推断中最晦涩易混的概念，并且用生活和工作中的实例展示了各个知识点的应用场景，最后通过 Python 程序教会读者如何通过计算机实现算法。本书比我在美国用过的很多概率统计教材更加简明实用。

　　从事生物医学领域的研究多年，我深刻地体会到了概率统计与机器学习的重要性。我认识的一些朋友，无论是纽约投行的分析师还是北加州湾区的 IT 工程师，都认为随机过程、时间序列分析等是他们工作的核心，而概率统计是最重要的背景知识，机器学习是最重要的分析工具之一。我很庆幸自己在大学和研究生阶段掌握了这些工作必备的知识，而且又有张雨萌这个从高中开始就能一起学习、探讨的挚友。

如今本书正式出版，张雨萌请我为本书写序，我倍感荣幸，也很高兴能把这本帮助过我的好书推荐给大家。相信通过阅读本书大家都能有所收获，在学习和工作晋升的道路上更加顺利！

北京大学生物医学博士/哈佛大学博士后研究员　宋潇鹏
2020 年 10 月

前　　言

如今，机器学习、人工智能领域广阔的发展前景吸引了许多优秀学子投身其中。大家在学习过程中经常会感到学习曲线陡峭、学习难度大，这主要是因为机器学习需要以大量的数学知识为基础，尤其是概率统计、线性代数和最优化等知识。

概率统计本质上是利用数据发现规律、推测未知，而"发现规律、推测未知"正是机器学习的目标。机器学习中的核心算法大多构筑在统计思维方法之上，因此概率统计的地位不言而喻，只有透彻领悟其中的核心思想，才能让其成为破解机器学习难题的有力武器。

那么，机器学习的哪些应用场景体现了概率统计的思想方法呢？

1）想要快速准确地对问题场景进行建模，就必须对一元乃至多元随机变量的各种常用分布类型了然于胸。

2）面对一组统计样本，想要估计出某些参数，极大似然估计以及有偏性无偏性是必须掌握的，如果不巧碰上包含隐变量的场景，就必须具备 EM 迭代的思想。

3）想过滤垃圾邮件，不具备概率论中的贝叶斯思维恐怕不行。

4）想试着进行一段语音识别，就必须要理解随机过程中的隐马尔可夫模型。

5）如果对马尔可夫链、蒙特卡罗方法等近似推断一无所知，在进行贝叶斯推断的时候，可能一个复杂的概率分布就让你举步维艰。

6）进行样本分类、聚类这些常规操作时，逻辑回归、高斯判别、高斯混合等各种模型都应该如数家珍。

当然，概率统计的应用远不止这些。

想要解决机器学习中这些常见的问题场景，必须牢固掌握概率统计的核心概念和思想方法，而这也正是本书的写作目的。

读者对象

☐ 想要对机器学习进行深入学习的相关人士。

☐ 想要对概率统计进一步深入系统地学习的学生和业内人士。

☐ 金融量化等数据分析行业的从业者。

☐ 理工科专业高年级本科生和研究生。

本书特色

在大学阶段，我们都学过概率统计，为什么在机器学习中运用这部分知识时，却觉得难度陡增？我认为有以下几点原因，相信你也感同身受。

第一，大学概率统计课程并没有完全覆盖机器学习领域所需要的知识点。机器学习的数学基础萌发于高等数学、线性代数和概率统计，但绝不等同于大学本科的教学内容。回想一下：大学概率统计课程包含了哪些内容？事件的概率、随机变量及其分布、数字特征、参数估计与假设检验，差不多就这些，很重要也很核心，但对于机器学习来说远远不够。事实上，我们还需要补充随机过程、随机理论、蒙特卡罗思想、采样方法和概率图等一些重要的基础知识，这样才能构建相对完整的知识结构。

第二，大学概率统计的学习重计算技巧，轻内在逻辑。大家一定还记得，我们在学习概率统计的时候，首先罗列多种分布，然后计算期望、计算方差、计算事件概率。这样的过程使数学变成了算术，只是在不停地重复计算机程序一秒钟就能做好的事情，而缺乏对知识背后内在逻辑和应用方法的理解。

第三，虽然我们在大学学习了概率统计这门课程，却不知道学了之后能干什么。几十年不变的教学内容没能深刻挖掘学科与当下前沿技术的交汇点，使得我们常常有这样的困惑：这门课学了之后有什么用？于是在学完之后，很快就还给老师了。大学开设这门课的目的是传授概率统计的基础理论，并不是为大家打牢机器学习的数学基础。因此，如果我们不能分清重点、强化重点内容的学习，自然会不明所以。

本书将在传统教材的薄弱环节做出突破，设计一条有针对性的学习路径。

首先，紧紧围绕机器学习核心算法涉及的概率统计知识展开介绍。我们将沿着概率思想、变量分布、参数估计、随机过程和统计推断这一条知识主线进行讲解，结合数学的本质，用浅显易懂的语言讲透深刻的数学思想，构建完整的理论体系。

然后，加强基础知识与常用算法、应用案例之间的联系。在讲解概率统计内容的时候会注重延伸到后续的算法应用场景，将其进行相互关联，形成学以致用的实践导向。

同时，运用 Python 工具，做到和工程应用的无缝对接。这也是与其他同类书籍相比极具特色的地方，本书将以 Python 语言为工具进行教学内容的实践，利用 NumPy、SciPy、Matplotlib、Pandas 等工具强化知识理解，提升工作效率。

另外，本书还十分重视写作技巧。深入浅出的技巧讲解和逻辑严密的行文，将为你充满挑战的学习之旅助一臂之力。

如何阅读本书

接下来，让我们一起看看本书的内容安排。

第 1 章，概率思想：构建理论基础。作为全书的开篇，以条件概率和独立性作为切入点，帮助读者迅速建立认知概率世界的正确视角，加深对概率统计中最重要的概念的理解。

第 2 章，变量分布：描述随机世界。分别介绍离散型随机变量和连续型随机变量的基础概念和重要分布类型，并从一元随机变量过渡到多元随机变量，重点探讨随机变量间的联合概率、边缘概率、条件概率以及独立性与相关性等重要关系。

第 3 章，参数估计：探寻最大可能。以大数定律和中心极限定理为切入点，介绍概率统计中的极限思维以及经典工具蒙特卡罗方法，并重点分析极大似然估计方法以及有偏无偏等重要性质，最后拓展到含有隐变量的参数估计问题，介绍 EM 算法的原理及其应用。

第 4 章，随机过程：聚焦动态特征。由静态的随机变量过渡到动态的随机过程，在展现随机过程的基本形态之后，重点介绍马尔可夫过程，聚焦基本要素、概率计算以及极限稳态性质，并向马尔可夫过程中引入隐状态，带领读者熟悉和掌握概率图的典型案例：隐马尔可夫模型。

第 5 章，统计推断：贯穿近似策略。重点围绕随机近似方法展开讲解，并再一次引入蒙特卡罗方法，细致分析接受-拒绝采样的基本原理和方法步骤，同时借助马尔可夫链的稳态性质阐述一种基于马尔可夫链随机游走的采样策略，最终聚焦马尔可夫链-蒙特卡罗方法，并列举实例展示 Metropolis-Hastings 和 Gibbs 的具体采样过程。

如果你想掌握机器学习的概率统计核心知识，那就翻开新章节，让我们一起出发吧！

夫链随机游走的采样策略，最终聚焦马尔可夫链–蒙特卡罗方法，并列举实例展示 Metropolis-Hastings 和 Gibbs 的具体采样过程。

如果你想掌握机器学习的概率统计核心知识，那就翻开新章节，让我们一起出发吧！

勘误和支持

由于作者的水平有限，写作时间仓促，书中难免会出现一些错误或者不准确的地方，恳请读者批评指正。欢迎通过电子邮件 zhangyumeng890422@163.com 或微信 zhangyumeng0422 与作者沟通联系，期待能够得到你们的反馈。

致谢

感谢机械工业出版社的杨福川编辑，在这半年的时间里始终支持我写作，他的鼓励和帮助引导着我顺利完成全部书稿。

感谢我的父母和妻子，在 2020 年突如其来的新冠肺炎疫情中，他们让我感受到了亲情的温暖，有了战胜困难的信念。

谨以此书献给我最亲爱的家人，献给众多在人工智能道路上共同携手努力的朋友们，献给注定不平凡的 2020 年。

张雨萌

2020 年初夏于湖北武汉

目　录

第 1 章

概率思想：构建理论基础

作为本书的开篇，本章以条件概率和独立性作为切入点，帮助读者搭建概率统计基本概念的框架。我们将从条件概率的定义出发，深入刻画事件独立性概念的全貌，比较和辨析独立、相容、条件独立以及独立重复试验等核心概念，然后引出全概率公式和贝叶斯公式这两个重要工具方法，并探索概率世界中因和果之间的关系。本章虽然篇幅不长，但是内容十分重要，希望能够帮助读者迅速建立认知概率世界的正确视角，夯实概率统计中最重要的概念基础，为后续章节的学习和思考奠定基础。

1.1 理论基石：条件概率、独立性与贝叶斯

本节将从条件概率入手，介绍事件之间独立性的相关概念，然后引出全概率公式和贝叶斯公式的基本内容，带领读者通过概率的视角初步认知现实世界。

1.1.1 从概率到条件概率

对于概率，相信大家都不会感到陌生，比如掷骰子这个最简单的概率场景，掷出的点数为 5 的概率是多少？我们会毫不犹豫地说出答案：概率为 1/6。

这个问题太简单了，如果我们只满足于此，就没有什么研究意义了。接下来我给这个问题增加一个限定条件：已知掷出骰子的点数是奇数，再求抛掷点数为 5 的概率是多少。发现了没有，这个问题中我们没有直接问投掷出 5 这个事件的概率，而是增加了一个已知点数为奇数的前提。

生活中这类场景更多见，我们一般不会直接去推断一个事件发生的可能性，因为这样做的实际意义并不大，而且也不容易推断出结果。一般而言事件是不会孤立发生的，都会伴随其他一些条件。比如，我问你下雨的概率是多少。你可能会一头雾水，什么地点？什么时间？当日云层的厚度是多少？推断的前提条件都没有，是无法给出一个有意义、有价值的推断结果的。

因此，在实际应用中，我们更关心条件概率，也就是在给定部分信息的基础上，再对所关注事件的概率进行推断。这些给定的信息就是事件的附加条件，是我们研究时所关注的重点。

1.1.2 条件概率的具体描述

我们先来具体描述一下条件概率：假设知道给定事件 B 已经发生，在此基础上希望知道另一个事件 A 发生的可能性。此时我们就需要构造条件概率，先顾及事件 B 已经发生的信息，然后再求出事件 A 发生的概率。

这个条件概率描述的就是在给定事件 B 发生的情况下，事件 A 发生的概率，我们把它记作 $P(A|B)$。

回到掷骰子的问题：在掷出奇数点数骰子的前提下，掷出点数 5 的概率是多少？奇数点数一共有 {1,3,5} 3 种,其中出现 5 的概率是 1/3。很明显，和单独问掷出点数 5 的概率计算结果是不同的。

下面我们来抽象一下条件概率的应用场景。

回到最简单、最容易理解的古典概率模式进行分析：假定一个实验有 N 个可能结果，事件 A 和事件 B 分别包含 M_1 个和 M_2 个结果，M_{12} 表示公共结果，也就是同时发生事件 A 和事件 B，即事件 $A \bigcap B$ 所包含的实验结果数。

通过图 1-1 再来形象地描述一下上述场景。

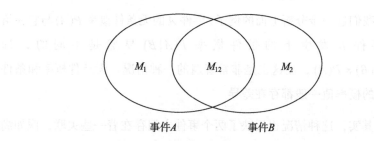

事件A　　　　　　事件B

图 1-1　事件 A 和事件 B 同时发生的场景

事件 A 和事件 B 单独发生的概率分别是多少？读者肯定能脱口而出，分别是 $\dfrac{M_1}{N}$ 和 $\dfrac{M_2}{N}$。那么再考虑条件概率：在事件 B 发生的前提条件下，事件 A 发生的概率是多少？

此时，我们的考虑范围由最开始的 N 个全部可能结果，缩小到现在的 M_2 个结果，即事件 B 发生的结果范围，而这其中只有 M_{12} 个结果对应事件 A 的发生，不难计算出条件概率 $P(A \,|\, B) = \dfrac{M_{12}}{M_2}$。

1.1.3　条件概率的表达式分析

为了更加深入地挖掘这里面的内涵，我们进一步对条件概率的表达式 $P(A \,|\, B) = \dfrac{M_{12}}{M_2}$ 进行展开，式子上下部分同时除以全部可能的结果数 N：

$$P(A \mid B) = \frac{M_{12}}{M_2} = \frac{M_{12} / N}{M_2 / N} = \frac{P(AB)}{P(B)}$$

由此，我们得到了条件概率的一般定义：$P(A \mid B) = \dfrac{P(AB)}{P(B)}$。

1.1.4 两个事件的独立性

我们进一步分析上面的例子，事件 A 的无条件概率 $P(A)$ 与它在给定事件 B 发生下的条件概率 $P(A \mid B)$ 显然是不同的，即 $P(A \mid B) \neq P(A)$，而这也是非常普遍的一种情况，无条件概率和条件概率的概率值一般都存在差异。

其实，这种情况也反映了两个事件之间存在着一些关联，假如满足 $P(A \mid B) > P(A)$，则可以说事件 B 的发生使得事件 A 发生的可能性增大了，即事件 B 促进了事件 A 的发生。

但是 $P(A) = P(A \mid B)$ 的情况也是存在的，而且这是一种非常重要的情况，它意味着事件 B 的发生与否对事件 A 是否发生毫无影响。这时，我们就称 A 和 B 这两个事件独立，并且由条件概率的定义式进行转换可以得到：

$$P(A \mid B) = \frac{P(AB)}{P(B)} \Rightarrow P(AB) = P(A \mid B)P(B)$$
$$= P(A)P(B)$$

实际上，我们使用以上表达式刻画事件独立性，比单纯使用 $P(A) = P(A \mid B)$ 要更好一些，因为 $P(AB) = P(A)P(B)$ 不受概率 $P(B)$ 是否为 0 的因素制约。

由此可知，如果 A 和 B 这两个事件满足 $P(AB) = P(A)P(B)$，那么称事件 A 和事件 B 独立。

1.1.5 从条件概率到全概率公式

我们假设 $B_1, B_2, B_3, \cdots, B_n$ 为有限个或无限可数个事件,它们之间两两互斥且在每次实验中至少发生其中一个,如图 1-2 所示。

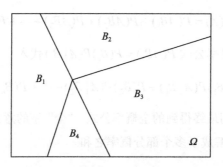

图 1-2 事件两两互斥且每次实验至少发生其中一个

用表达式描述:

$$\begin{cases} B_i B_j = \varnothing \\ B_1 + B_2 + B_3 + \cdots + B_n = \Omega \end{cases}$$

现在我们引入另一个事件 A,如图 1-3 所示。

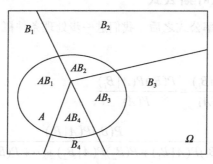

图 1-3 在实验中引入事件 A

由图 1-3 可知,因为 Ω 是一个必然事件(也就是整个事件的全集),

因此有等式 $P(A) = P(A\Omega)$ 成立，进一步进行推导有：

$P(A) = P(A\Omega) = P(AB_1 + AB_2 + AB_3 + \cdots + AB_n)$ 。因为事件 B_i、B_j 两两互斥，那么显然 $AB_1, AB_2, AB_3, \cdots, AB_n$ 也两两互斥，于是就有：

$$P(A) = P(AB_1) + P(AB_2) + P(AB_3) + \cdots + P(AB_n)$$

再将条件概率公式 $P(AB_i) = P(B_i)P(A|B_i)$ 代入：

$$P(A) = P(B_1)P(A|B_1) + P(B_2)P(A|B_2) + \cdots + P(B_n)P(A|B_n)$$

这就是我们最终得到的全概率公式，"全"字的意义在于：全部的概率 $P(A)$ 被分解成了多个部分概率之和。

我们再回过头来看全概率公式的表达式，可以发现：事件 A 的概率 $P(A)$ 应该处于最小的 $P(A|B_i)$ 和最大的 $P(A|B_j)$ 之间，它不是所有条件概率 $P(A|B_k)$ 的算术平均，因为事件被使用的机会权重（即 $P(B_i)$）各不相同，因此全概率 $P(A)$ 就是各条件概率 $P(A|B_k)$ 以 $P(B_k)$ 为权重的加权平均值。

1.1.6　聚焦贝叶斯公式

了解了全概率公式之后，我们进一步处理条件概率的表达式，得到如下等式：

$$P(B_i|A) = \frac{P(AB_i)}{P(A)} = \frac{P(B_i)P(A|B_i)}{P(A)}$$

$$= \frac{P(B_i)P(A|B_i)}{P(B_1)P(A|B_1) + P(B_2)P(A|B_2) + \cdots + P(B_n)P(A|B_n)}$$

这就是大名鼎鼎的贝叶斯公式。

千万不要觉得它平淡无奇，只是数学公式的推导和罗列。实际上，这个公式里包含了全概率公式、条件概率、贝叶斯准则。我们来挖掘一下里面所蕴藏的重要内涵。

贝叶斯公式将条件概率 $P(A \mid B)$ 和条件概率 $P(B \mid A)$ 紧密地联系起来，其最根本的数学基础就是 $P(A \mid B)P(B) = P(B \mid A)P(A)$，它们都等于 $P(AB)$。

那这里面具体的深刻内涵是什么呢? 我们接着往下看。

1.1.7　本质内涵: 由因到果, 由果推因

在现实中，我们可以把事件 A 看作结果，把事件 $B_1, B_2, \cdots, B_n$ 看作导致这个结果的各种原因。那么，我们所介绍的全概率公式

$$P(A) = P(B_1)P(A \mid B_1) + P(B_2)P(A \mid B_2) + \cdots + P(B_n)P(A \mid B_n)$$

就是由各种原因推理出结果事件发生的概率，是由因到果。

但是，实际上还存在着一类重要的应用场景: 我们在日常生活中常常是观察到某种现象，然后去反推造成这种现象的各种原因的概率。简单来说，就是由果推因。

由贝叶斯公式 $P(B_i \mid A) = \dfrac{P(AB_i)}{P(A)} = \dfrac{P(B_i)P(A \mid B_i)}{\sum\limits_{j} P(B_j)P(A \mid B_j)}$ 最终求得的

条件概率 $P(B_i \mid A)$，就是在观察到结果事件 A 已经发生的情况下，推断结果事件 A 是由原因 B_i 造成的概率的大小，以支撑我们后续的判断。

概率 $P(B_i)$ 被称为先验概率，指的是在没有别的前提信息情况下的概率值，这个值一般需要借助我们的经验去估计。而条件概率 $P(B_i \mid A)$ 被称作后验概率，它代表了在获得"结果事件 A 发生"这个信息之后原因 B_i 出现的概率，可以说后验概率是先验概率在获取了新信息之后的一种修正。

本节从概率出发，到条件概率，再到全概率公式，最终聚焦到贝叶斯公式，主要是从概念层面进行梳理，帮助读者迅速形成以条件概率为基石的认知视角。条件概率的重要性不言而喻，它将贯穿整个概率统计课程体系。

1.2 事件的关系：深入理解独立性

本节我们将围绕独立性这一重要概念进行深入讨论，重点探讨独立性与相容性、独立与条件独立以及独立重复实验等内容。

1.2.1 重新梳理两个事件的独立性

在 1.1 节，我们引入了条件概率 $P(A|B)$ 这个重要概念，何谓条件概率？其核心就是刻画事件 B 的发生给事件 A 是否发生所带来的额外信息。

在所有的条件概率情况当中，我们注意到一个有趣且重要的特殊情况，那就是事件 B 的发生并没有给事件 A 的发生带来什么新的额外信息。换言之，事件 B 的发生与否，并没有影响到事件 A 发生的概率，即 $P(A|B)=P(A)$。

此时，我们称事件 A 是独立于事件 B 的，并由条件概率公式 $P(A|B)=\dfrac{P(AB)}{P(B)}$ 可以进一步推导出等价的表达式：$P(AB)=P(A)P(B)$。

这就是 1.1 节谈到的两个事件相互独立的核心概念。

1.2.2 不相容与独立性

我们首先看看图 1-4 所描述的情况。

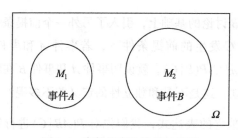

图 1-4 事件相容性效果示意图

在图 1-4 中，表示事件 A 和事件 B 的两个圆圈互不相交，意味着两个事件不相容。事件 A 和事件 B 看上去似乎没有关系，是不是就意味着二者是相互独立的？

这个说法看似很有道理，然而事实却恰巧相反，若事件 A 和事件 B 互不相容，并且像图中所描述的那样，能够保证两个事件发生的概率 $P(A) > 0$ 且 $P(B) > 0$ 同时成立，那么它们永远不会相互独立。这是为什么呢？我们通过定义来理解：由于 $A \cap B = \varnothing$，那么显然有联合概率 $P(AB) = 0$，而由于 $P(A)$ 和 $P(B)$ 均大于 0，有 $P(A)P(B) \neq 0$。因此，我们从 $P(AB) \neq P(A)P(B)$ 这个结果可以看出，这种情况并不满足事件 A 和事件 B 相互独立的基本条件。

其实，这个结果从常理上来说不难理解，由于事件 A 和事件 B 不相容，从图 1-4 中可以看出，事件 B 发生，意味着事件 A 一定不会发生，这实际上说明了事件 B 的发生给事件 A 的发生引入了额外的信息，那么，二者显然不是相互独立的。

1.2.3 条件独立

我们在前面讨论了条件概率的内容，下面在条件概率的框架之下讨论事件之间的独立性，即条件独立的概念。

条件独立其实和独立的概念在本质上没有太大区别，只是在进行

事件 A 和事件 B 讨论的基础上，引入了另外一个前提条件：事件 C。即在给定事件 C 发生的前提条件下，若事件 A 和事件 B 满足等式 $P(AB\,|\,C) = P(A\,|\,C)P(B\,|\,C)$，就说明事件 A 和事件 B 在给定事件 C 的前提下条件独立。这是不是和独立性的定义差不多呢？

关于条件独立的表达式，我们先对 $P(AB\,|\,C)$ 进行简单的变形处理：

$$P(AB\,|\,C) = \frac{P(ABC)}{P(C)} = \frac{P(C)P(B\,|\,C)P(A\,|\,BC)}{P(C)} = P(B\,|\,C)P(A\,|\,BC)$$

这短短几步推导涉及了不少知识，我们下面来一一解析。

先依照条件概率的定义，得到第一步推导结果：

$$P(AB\,|\,C) = \frac{P(ABC)}{P(C)}$$

而第二个推导的等式，则是在条件概率应用领域使用非常广泛的链式法则：

$$P(ABC) = P(BC)P(A\,|\,BC) = P(C)P(B\,|\,C)P(A\,|\,BC)$$

最后，我们结合 $P(AB\,|\,C) = P(B\,|\,C)P(A\,|\,BC)$ 和条件独立的定义式 $P(AB\,|\,C) = P(A\,|\,C)P(B\,|\,C)$，会发现它们等式左端相同，因此将两个等式结合，可以得到 $P(B\,|\,C)P(A\,|\,BC) = P(A\,|\,C)P(B\,|\,C)$，最终我们就得到了等式 $P(A\,|\,BC) = P(A\,|\,C)$。

这个等式是条件独立的另一个等价定义，也是非常直观的一个等式，它说明了在给定事件 C 发生的前提条件下，进一步假定此时事件 B 也发生，并不会影响事件 A 的发生概率，当然这里是指在事件 C 发生的前提下，事件 A 发生的条件概率。

简单点说，就是在事件 C 发生的前提条件下，事件 B 是否发生不

影响事件 A 发生的概率。其实这就又回到了条件概率定义的源头。

1.2.4 独立与条件独立

我们停下来仔细思考一个重要的概念问题：事件 A 和事件 B 相互独立和在事件 C 发生的前提下条件独立是不是等价的呢？我们通过一个简单的例子来验证事实是否如此。

假设我们依次抛掷两枚均匀的硬币，事件 A 表示第一枚硬币正面向上，事件 B 表示第二枚硬币正面向上。

首先，事件 A 和事件 B 肯定是相互独立的。那我们此时引入一个条件事件 C，表示两次实验的结果不同。显然，概率 $P(AB|C) = 0$，因为在两次实验结果不同的前提条件下，不可能发生两枚硬币都是正面向上的情况。

而另一方面，显然两个单独的条件概率满足 $P(A|C) \neq 0$，$P(B|C) \neq 0$，因此必然就有不等关系 $P(AB|C) \neq P(A|C)P(B|C)$，也就是说事件 A 和事件 B 不满足事件 C 发生下的条件独立的要求。

这个例子非常明确地说明了独立和条件独立并不等价。

1.2.5 独立重复实验

学习了事件独立性之后，我们再来简单地介绍一下大家熟悉的独立重复实验。

如果某一个实验由一系列独立并且相同的小实验组成，我们就称这种实验为独立重复实验。若每个小实验只有两种可能结果，那么该实验就是最为常见的伯努利实验。

这里最简单的例子就是抛硬币。例如，连续 n 次独立地抛掷硬币，每次抛掷的结果为正面的概率记作 p。这里的独立指的是每次实验的

事件 $A_1, A_2, \cdots, A_n$ 都是相互独立的，其中 A_i 表示第 i 次抛掷的结果为正面。独立性意味着不管前面的抛掷结果如何，每次抛掷硬币得到正面的概率都是 p。

因此最终我们可以知道，在 n 次实验中，有 k 次实验结果为正面的概率

$$p(k) = \binom{n}{k} p^k (1-p)^{n-k}$$

当然这个例子本身很简单，大家也都非常熟悉，这里只是为了强调独立性的含义，演示一个独立重复实验的过程。独立重复实验的概念和场景将在后面的章节中反复出现。

第 2 章

变量分布：描述随机世界

这一章我们将重点介绍与随机变量有关的内容。首先从离散型随机变量的重点要素、分布列和概率质量函数入手，帮助读者学习离散型随机变量的基本概念和理论基础。然后在此基础上举例介绍二项分布、几何分布和泊松分布这几种重要的分布类型。接着对比介绍连续型随机变量的重要概念和数字特征，同样，我们也会以正态分布、指数分布和均匀分布作为具体实例。介绍完一元随机变量后，我们将过渡到多元随机变量，重点探讨多元随机变量间的联合概率、边缘概率、条件概率以及独立性与相关性等重要关系。最后，以多元正态分布为例，从标准正态分布逐步向一般化的正态分布演进，揭示多元正态分布的参数特征和几何意义，并进一步夯实理论基础。

2.1 离散型随机变量：分布与数字特征

这一节我们将介绍几种典型的离散型随机变量，重点关注它们的分布列以及统计特征度量方法，并利用 Python 语言进行分布采样和 PMF 图的绘制。

2.1.1 从事件到随机变量

在第 1 章中，我们介绍了事件概率的基本概念，大家应该对试验、试验结果、事件发生的概率等重要概念建立起了直观的认识，接下来我们讨论一个新的概念。

用某一次具体试验中所有可能出现的结果构成一个样本空间，并将样本空间中每一个可能的试验结果关联到一个特定的数值。这种试验结果与数值的对应关系就形成了随机变量，我们将试验结果所对应的数值称为随机变量的取值。这就是我们接下来要讨论的重要内容。

请注意这个概念中的一个关键点：随机变量如何取值？它可能就是试验的结果取值，比如抛掷骰子的结果点数为 5。但是，随机变量取值更多的是这些情况，比如连续抛掷硬币 20 次，随机变量对应结果为正面出现的次数，或者是"转了一道弯"的映射值：连续抛掷骰子 3 次，随机变量对应连续 3 次试验中的点数最大值或者点数之和。但是无论如何，对于随机变量，都必须要明确其对应的具体取值，如图 2-1 所示。

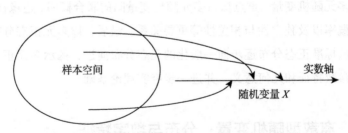

图 2-1　随机变量表示试验结果与数的对应关系

2.1.2　离散型随机变量及其要素

随机变量作为一种映射后的取值，本质上和函数取值一样，有离散型和连续型两种类型，本节我们主要讨论离散型随机变量的概念和应用场景，2.2 节再介绍连续型随机变量。

对于任意获取的一组随机变量，应关注哪些要素呢？

1. 随机变量的取值

显然，我们首先关注的是试验结果派生出的这一组随机变量到底能取哪些值。

2. 试验中每个对应取值的概率

每个事件的结果肯定不是等概率的，这恰恰就是我们研究的出发点。

3. 随机变量的统计特征和度量方法

弄清楚随机变量每一个具体的取值，我们就把握住了它的个体特征，下一步便是从整体上把握一组随机变量的统计特征。

结合这 3 个问题，我们来讨论一下离散型随机变量的分布。

2.1.3 离散型随机变量的分布列

分布列描述的就是离散型随机变量的每一种取值及其对应的概率，随机变量一般用大写字母表示，具体的取值用小写字母表示，例如随机变量 X 的分布列，我们一般用 P_X 表示，而用 x 表示随机变量 X 的某个具体取值，把上述信息合起来就有：随机变量 X 取值为 x 的概率，本质上也是一个事件的概率，这个事件就是 $\{X = x\}$，我们将它记作 $P_X(x) = P(\{X = x\})$。

为了读者能更清楚地理解这个公式，我们还是以抛硬币为例，随机变量 X 表示两次抛掷硬币正面向上的次数，随机变量 X 的分布列如表 2-1 所示。

表 2-1　随机变量 X 的分布列

取值	0	1	2	其他
P	$\frac{1}{4}$	$\frac{1}{2}$	$\frac{1}{4}$	0

从随机变量分布列中我们可以清晰地看出随机变量 X 的每一种取值以及所对应的取值概率。例如，正面向上的次数为 1 时，对应的事件概率为 $\frac{1}{2}$。

这个分布列虽然简单，但是"麻雀虽小，五脏俱全"，下面我们重点关注里面最重要的两个方面。

1）对于随机变量 X 的所有可能取值，其概率之和为 1，表示成表达式：$\sum_x P_X(x) = 1$。

2）对于随机变量 X 的不同取值 x，对应的事件 $\{X = x\}$ 彼此之间是互不相容的。因此可以通过对应事件发生的概率直接相加得到多个事件构成的事件集合 S 的发生概率，即：$P(X \in S) = \sum_{x \in S} P_X(x)$。

举个例子，我们想计算连续两次抛掷硬币，出现正面向上的概率，这个事件集合实际包含了两个事件：事件 1 是 $\{X = 1\}$，事件 2 是 $\{X = 2\}$，二者互不相容。我们按照上面的式子可以得出其概率：

$$P(X > 0) = \sum_{x=1}^{2} P_X(x) = P_X(1) + P_X(2) = \frac{1}{2} + \frac{1}{4} = \frac{3}{4}$$

2.1.4 分布列和概率质量函数

一般情况下，我们建议结合图形来观察随机变量的分布，这样能够非常直观地展现出相关特性。

这里不得不提一下概率质量函数（PMF），概率质量函数是将随机变量的每个值映射到其概率上，和分布列的概念是一致的。

以上我们就讲清楚了离散型随机变量的基本概念，下面我们详细介绍几种常见且非常重要的随机变量, 并且借助 Python 进行随机变量的生成和概率展示。

2.1.5 二项分布及二项随机变量

我们还是用抛硬币的例子: 将一个硬币抛掷 *n* 次, 每次抛掷结果为正面向上的概率为 *p*, 每次抛掷彼此之间都是相互独立的, 随机变量 *X* 对应的是 *n* 次抛掷中结果为正面向上的总次数。

这里, 随机变量 *X* 服从二项分布, 二项分布中的核心参数就是上面提到的 *n* 和 *p*, 随机变量的分布列可以通过下面这个公式计算得到:

$$P_X(k) = P(X = k) = \binom{n}{k} p^k (1-p)^{n-k}$$

下面我们通过依次指定不同的 (*n*, *p*) 参数: (10, 0.25), (10, 0.5), (10, 0.8), 绘制 PMF 图, 观察一下二项随机变量的分布情况, 如代码清单 2-1 所示。

代码清单 2-1　绘制二项分布的 PMF 图

```
from scipy.stats import binom
import matplotlib.pyplot as plt

fig, ax = plt.subplots(3, 1)
params = [(10, 0.25), (10, 0.5), (10, 0.8)]
x = range(0, 11)
for i in range(len(params)):
    binom_rv = binom(n=params[i][0], p=params[i][1])
    ax[i].set_title('n={},p={}'.format(params[i][0],
                    params[i][1]))
    ax[i].plot(x, binom_rv.pmf(x), 'bo', ms=8)
    ax[i].vlines(x, 0, binom_rv.pmf(x), colors='b',
                 lw=3)
    ax[i].set_xlim(0, 10)
    ax[i].set_ylim(0, 0.35)
```

```
    ax[i].set_xticks(x)
    ax[i].set_yticks([0, 0.1, 0.2, 0.3])
    ax[i].grid(ls='--')

plt.show()
```

运行结果如图 2-2 所示。

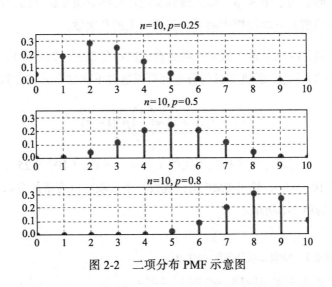

图 2-2   二项分布 PMF 示意图

我们来简要解释一下代码。

第 08 行: 生成服从指定参数 n, p 的二项分布随机变量。

第 09 ~ 16 行: 分别绘制不同参数二项分布的 PMF 图。因为是离散型随机变量,因此不建议画成折线图,图 2-2 中这种形态更为合适。

在这个例子中,我们直接利用 SciPy 库中的 stats 模块得到了二项分布的概率质量函数,它反映了在不同参数条件下,随机变量 X 各取值点所对应的取值概率。

接下来我们对二项分布进行采样,如代码清单 2-2 所示。

我们可以使用 binom 模块中的 rvs 方法进行二项随机变量的采样
模拟，这里指定重复采样 10 万次。我们使用 3 组不同的 (n, p) 参数：
（10，0.25），（10，0.5）和（10，0.8）。

通过上述模拟采样试验可以得到每种试验结果所对应的次数，然
后通过归一化，可以计算出随机变量每一种取值所对应的频数，并将
其作为概率的近似进行绘图观察，如图 2-3 所示。

代码清单 2-2 对二项分布进行采样

```
from scipy.stats import binom
import matplotlib.pyplot as plt

fig, ax = plt.subplots(3, 1)
params = [(10, 0.25), (10, 0.5), (10, 0.8)]
x = range(0, 11)
for i in range(len(params)):
    binom_rv = binom(n=params[i][0], p=params[i][1])
    rvs = binom_rv.rvs(size=100000)
    ax[i].hist(rvs, bins=11, density=True, alpha=0.6,
               edgecolor='k')
    ax[i].set_title('n={},p={}'.format(params[i][0],
            params[i][1]))
    ax[i].set_xlim(0, 10)
    ax[i].set_ylim(0, 0.4)
    ax[i].set_xticks(x)
    ax[i].grid(ls='--')
    print('rvs{}:{}'.format(i, rvs))

plt.show()
```

运行结果如下。

```
rvs0:[0 4 2 ... 3 2 3]
rvs1:[6 6 5 ... 5 7 8]
rvs2:[7 8 9 ... 9 7 8]
```

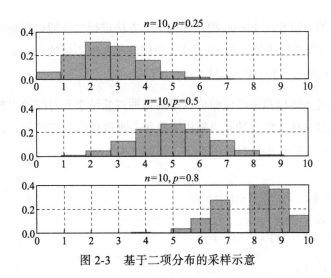

图 2-3　基于二项分布的采样示意

　　程序打印的结果是 3 个数组，就是在不同参数下分别做 10 万次采样试验的结果数组。

　　最后我们来看一下服从二项分布的随机变量数字特征。

　　服从二项分布的随机变量的期望和方差表示很简单，服从参数为（n, p）的二项分布随机变量 X，它的期望和方差公式如下。

　　期望：$E[X] = np$

　　方差：$V[X] = np(1-p)$

　　我们可以结合上面的试验，用不同的方法对结果进行验证，如代码清单 2-3 所示。

代码清单 2-3　验证二项分布的数字特征

```
import numpy as np
from scipy.stats import binom

binom_rv = binom(n=10, p=0.25)
mean, var, skew, kurt = binom_rv.stats(moments='mvsk')
```

```
binom_rvs = binom_rv.rvs(size=100000)
E_sim = np.mean(binom_rvs)
S_sim = np.std(binom_rvs)
V_sim = S_sim * S_sim

print('mean={},var={}'.format(mean,var))
print('E_sim={},V_sim={}'.format(E_sim,V_sim))
print('E=np={},V=np(1-p)={}'.format(10 * 0.25,10 *
    0.25 * 0.75))
```

运行结果如下。

```
mean=2.5,var=1.875
E_sim=2.50569,V_sim=1.8735076238999997
E=np=2.5,V=np(1-p)=1.875
```

以上我们用 3 种方法计算了服从参数为 $(n=10, p=0.25)$ 的二项分布随机变量的均值和方差, 其中,

第 04 ~ 05 行: 利用函数包中的方法计算各个理论统计值;

第 07 ~ 10 行: 利用采样试验中得到的样本数据计算样本均值和方差;

第 14 行: 通过公式直接计算理论值。

由此可见, 利用采样样本数据计算出来的值和理论值基本上是相等的。

2.1.6 几何分布及几何随机变量

本小节我们在二项分布的基础上介绍几何分布。在连续抛掷硬币的试验中, 每次抛掷结果为正面向上的概率为 p, 反面向上的概率为 $1-p$, 在这种背景下, 用几何随机变量 X 表示连续抛掷硬币直到第一次出现正面所需要的抛掷次数。

接下来, 我们还是通过 Python 绘制几何分布的 PMF 图, 方法和二项分布一样, 如代码清单 2-4 所示。

代码清单 2-4   绘制几何分布的 PMF 图

```python
from scipy.stats import geom
import matplotlib.pyplot as plt

fig, ax = plt.subplots(2, 1)
params = [0.5, 0.25]
x = range(1, 11)

for i in range(len(params)):
    geom_rv = geom(p=params[i])
    ax[i].set_title('p={}'.format(params[i]))
    ax[i].plot(x, geom_rv.pmf(x), 'bo', ms=8)
    ax[i].vlines(x, 0, geom_rv.pmf(x), colors='b',
                 lw=5)
    ax[i].set_xlim(0, 10)
    ax[i].set_ylim(0, 0.6)
    ax[i].set_xticks(x)
    ax[i].set_yticks([0, 0.1, 0.2, 0.3, 0.4, 0.5])
    ax[i].grid(ls='--')

plt.show()
```

运行结果如图 2-4 所示。

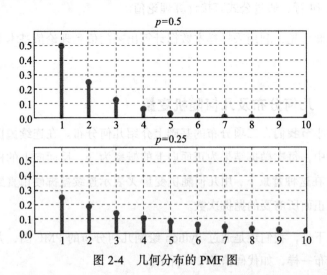

图 2-4   几何分布的 PMF 图

同样，我们进行 10 万次采样试验来进行验证，如代码清单 2-5 所示，同时观察统计特征，如图 2-5 所示。

代码清单 2-5　对几何分布进行采样

```
from scipy.stats import geom
import matplotlib.pyplot as plt

x = range(1, 21)
geom_rv = geom(p=0.5)
geom_rvs = geom_rv.rvs(size=100000)
plt.hist(geom_rvs, bins=20, density=True, alpha=0.6,
        edgecolor='k')
plt.gca().axes.set_xticks(range(1, 21))

mean, var, skew, kurt = geom_rv.stats(moments='mvsk')
print('mean={},var={}'.format(mean, var))
plt.grid(ls='--')
plt.show()
```

运行结果如下。

```
mean=2.0,var=2.0
```

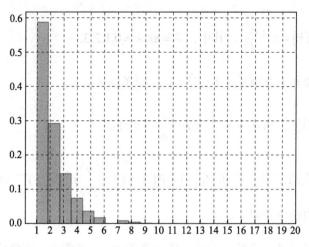

图 2-5　几何分布的采样试验示意图

总结一下，几何分布的期望和方差分别为

$$E[X] = \frac{1}{p}, \quad V[X] = \frac{1-p}{p^2}$$

2.1.7 泊松分布及泊松随机变量

我们知道，n 次独立的伯努利试验成功的次数是一个服从二项分布的随机变量，其中参数为 n 和 p，期望为 np。下面我们来看一种非常特殊的情况：n 非常大，p 非常小，但是期望 np 结果适中。

现实生活中有没有这类情况呢？有，比如我们考虑任何一天内发生飞机事故的总数，记作随机变量 X，一天内飞机起飞降落的次数 n 非常大，但是单架次飞机出现事故的概率 p 非常小。或者用随机变量 X 表示一本书中文字印刷错误的次数，n 表示一本书中的总字数，非常大，而 p 表示每个字印刷出错的概率，非常小。

在这种 n 很大 p 很小的情况下，二项分布的分布列可以简化为我们这里谈到的泊松分布的分布列，

$$P_X(k) = \mathrm{e}^{-\lambda} \frac{\lambda^k}{k!}, \quad 其中, \quad \lambda = np, k = 0, 1, 2, 3, \cdots$$

期望和方差满足：$E[X] = \lambda$，$V[X] = \lambda$。

特别是，当 $n \to \infty$，且 $p = \dfrac{\lambda}{n} \to 0$ 时：

对应的二项分布列 $P_X(k) = P(X = k) = \dbinom{n}{k} p^k (1-p)^{n-k}$ 就收敛于上面的泊松分布列了。

通俗点说，只要 $\lambda = np$，且 n 非常大，p 非常小，泊松分布就能

作为二项分布的一个非常好的近似。计算简便是泊松分布的一大优势。

同样地，我们用 Python 来画一下 PMF 函数图，观察一下指定参数下泊松分布的分布列。

正如我们所说，泊松分布的参数就是一个 λ，我们分别绘制 $\lambda=10$ 和 $\lambda=2$ 的泊松分布 PMF 图，并获取它们的均值和方差，如代码清单 2-6、图 2-6 所示。

代码清单 2-6　绘制泊松分布的 PMF 图

```python
from scipy.stats import poisson
import matplotlib.pyplot as plt

fig, ax = plt.subplots(2, 1)
x = range(0, 20)
params = [10, 2]

for i in range(len(params)):
    poisson_rv = poisson(mu=params[i])
    mean, var, skew, kurt = poisson_rv.
      stats(moments='mvsk')
    ax[i].plot(x, poisson_rv.pmf(x), 'bo', ms=8)
    ax[i].vlines(x, 0, poisson_rv.pmf(x), colors='b',
      lw=5)
    ax[i].set_title('$\\lambda$={}'.format(params[i]))
    ax[i].set_xticks(x)
    ax[i].grid(ls='--')
    print('lambda={},E[X]={},V[X]={}'.format
        (params[i], mean, var))

plt.show()
```

运行结果如下。

```
lambda=10,E[X]=10.0,V[X]=10.0
lambda=2,E[X]=2.0,V[X]=2.0
```

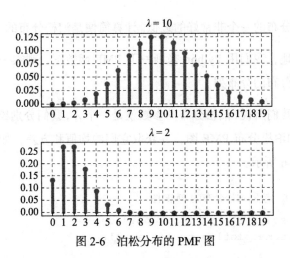

图 2-6　泊松分布的 PMF 图

　　同样地，我们对 $\lambda = 2$ 的泊松分布进行采样，如代码清单 2-7、图 2-7 所示。

代码清单 2-7　对泊松分布进行采样

```
import numpy as np
from scipy.stats import poisson
import matplotlib.pyplot as plt

lambda_ = 2
data = poisson.rvs(mu=lambda_, size=100000)
plt.figure()
plt.hist(data, density=True, alpha=0.6, edgecolor='k')
plt.gca().axes.set_xticks(range(0, 11))
print('mean=', np.mean(data))
print('var=', np.square(np.std(data)))
plt.grid(ls='--')
plt.show()
```

　　运行结果如下。

```
mean= 2.00542
var= 2.0082906236
```

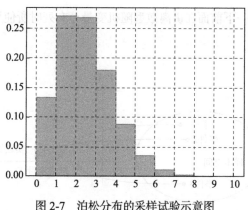

图 2-7 泊松分布的采样试验示意图

我们通过 10 万次采样试验得出统计结果，根据结果计算均值和方差，与模型的理论推导值是一致的。

离散型随机变量的内容暂时介绍到这里，在下一节，我们将介绍连续型随机变量的有关内容。

2.2 连续型随机变量：分布与数字特征

在 2.1 节，我们介绍了离散型随机变量，实际上，取值于连续区域的随机变量的应用场景也是十分普遍的，比如汽车行驶的速度、设备连续正常运行的时间等等。连续型随机变量能够刻画一些离散型随机变量无法描述的问题，这正是我们本节要重点讨论的。

2.2.1 概率密度函数

在连续型随机变量的讨论中，随机变量由离散值变为实数轴上的连续值，如果类比离散型随机变量的 PMF 函数，我们就有了连续型随机变量中相类似的概念：概率密度函数 PDF，二者在概念上是相互对应的。

我们回顾一下前面在讲离散型随机变量分布列时所使用的一张图，如图 2-8 所示。

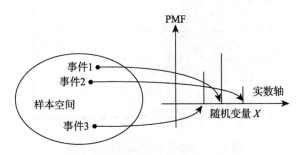

图 2-8 离散型随机变量的分布列

通过将事件 1、事件 2 和事件 3 对应的概率值相加，就能得到这个事件集合对应的总的概率：

$$P(X \in S) = \sum_{x \in S} P_X(x) = P_X(1) + P_X(2) + P_X(3)$$

而连续型随机变量和离散型随机变量最明显的不同在于，连续型随机变量的个数是无限的、不可数的，不像离散型随机变量可以直接简单相加，而是在实轴的区间范围内，对概率密度函数进行积分运算，如图 2-9 所示。

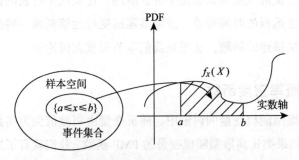

图 2-9 连续型随机变量的概率密度函数及积分运算

下面强调一下概率密度函数的两点特殊性。

1)实数轴上,单个点的概率密度函数取值 $f_X(x)$ 不是概率,而是概率律,因此它的取值是可以大于 1 的。

2)对于连续型随机变量的概率,我们一般讨论的是在一个区域内取值的概率,而不是某个单点的概率值。实际上,在连续区间内讨论单个点是没有意义的。

2.2.2 连续型随机变量区间概率的计算

我们可以通过求积分来计算连续型随机变量在一个区间内取值的概率,例如在图 2-9 中,随机变量在 $[a,b]$ 区间内的概率为 $P(a \leqslant X \leqslant b) = \int_a^b f_X(x) \mathrm{d}x$,也就是图中阴影区间的面积。这也进一步印证了上面的第 2 条结论,即:我们关注的不是单个点,而是一个取值区间的概率计算。

当 $x=a$ 时,由于有 $P(a \leqslant X \leqslant a) = \int_a^a f_X(x) \mathrm{d}x = 0$,因此区间两端是否取等也无关紧要了:

$$P(a \leqslant X \leqslant b) = P(a < X \leqslant b) = P(a \leqslant X < b) = P(a < X < b)$$

同样地,我们继续进行类比,连续型随机变量概率的非负性和归一性体现如下。

1)非负性:对一切 x 都有 $f_X(x) \geqslant 0$ 。

2)归一性: $P(-\infty \leqslant X \leqslant \infty) = \int_{-\infty}^{\infty} f_X(x) \mathrm{d}x = 1$ 。

2.2.3 连续型随机变量的期望与方差

看到这个连续型随机变量的新场景不用慌,在离散型随机变量中,我们通过分布列求得加权的均值,即可获得离散型随机变量的期望。

在连续型随机变量的场景下，我们来看定义，期望 $E[X]$ 的核心是在大量独立重复试验中，随机变量 X 取值的平均数，那么此时将分布列替换成概率密度函数 PDF，求和替换成求积分就可以了，即：

$$E[X] = \int_{-\infty}^{\infty} x f_X(x) \mathrm{d}x$$

计算方差也是一样的，根据定义，方差是随机变量到期望的距离平方的期望：

$$V[X] = E\left[\left(X - E[X]\right)^2\right] = \int_{-\infty}^{\infty} \left(x - E[X]\right)^2 f_X(x)\mathrm{d}x$$

接下来和 2.1 节一样，我们来看几个非常重要的连续型随机变量的实例。

2.2.4   正态分布及正态随机变量

正态分布是一种连续型随机变量概率分布，在许多生活场景中都能看到它的身影，例如某地多年统计的年降雪量、某地区高三男生的平均身高、某地区高三学生的高考成绩、信号系统中的噪声信号等等，大量自然、社会现象均按正态形式分布。

正态分布中有两个参数，一个是随机变量的均值 μ，另一个是随机变量的标准差 σ，正态分布的概率密度函数 PDF 为 $f_X(x) = \dfrac{1}{\sqrt{2\pi}\sigma} \mathrm{e}^{-(x-\mu)^2/2\sigma^2}$。

指定不同的均值和标准差参数后，就能得到不同正态分布的概率密度曲线。正态分布的概率密度曲线形状都是类似的，是关于均值 μ 对称的钟形曲线，概率密度曲线在离开均值附近区域后，呈快速下降的形态。

这里提一句，在均值 $\mu = 0$、标准差 $\sigma = 1$ 时，我们将这个正态分布称为标准正态分布。

下面我们来观察两组正态分布的概率密度函数取值,一组是均值为0、标准差为1的标准正态分布;另一组我们取均值为1,标准差为2,如代码清单 2-8 所示。

代码清单 2-8 两组不同参数的正态分布

```
from scipy.stats import norm
import matplotlib.pyplot as plt
import numpy as np

fig, ax = plt.subplots(1, 1)
norm_0 = norm(loc=0, scale=1)
norm_1 = norm(loc=1, scale=2)

x = np.linspace(-10, 10, 1000)
ax.plot(x, norm_0.pdf(x), color='red', lw=3, alpha=
        0.6, label='loc=0, scale=1')
ax.plot(x, norm_1.pdf(x), color='blue', lw=3, alpha=
        0.6, label='loc=1, scale=2', linestyle='--')
ax.legend(loc='best', frameon=False)
plt.grid(ls='--')
plt.show()
```

运行结果如图 2-10 所示。

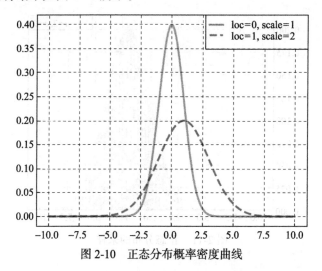

图 2-10 正态分布概率密度曲线

在构造正态分布时,均值用参数 *loc* 表示,方差用参数 *scale* 表示。同样地,我们还可以通过基于指定分布的重复采样来观察和验证模拟试验的情况,如代码清单 2-9 所示。

代码清单 2-9 对正态分布进行采样

```python
from scipy.stats import norm
import matplotlib.pyplot as plt
import numpy as np

norm_rv = norm(loc=2, scale=2)
norm_rvs = norm_rv.rvs(size=100000)
x = np.linspace(-10, 10, 1000)
plt.plot(x, norm_rv.pdf(x), 'r', lw=3, alpha=0.6,
        label="$\\mu$=2,$\\sigma=2$")
plt.hist(norm_rvs, density=True, bins=50, alpha=0.6,
        edgecolor='k')
plt.legend()
plt.grid(ls='--')
plt.show()
```

运行结果如图 2-11 所示。

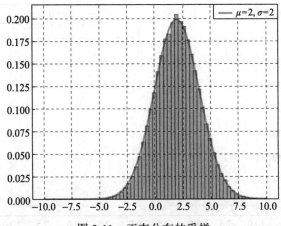

图 2-11 正态分布的采样

2.2.5 指数分布及指数随机变量

下面介绍连续型随机变量中的指数随机变量。指数随机变量的用处非常广泛，一般用来表征直到某个事件发生为止所用的时间。比如，从现在开始算起，到一台仪器的使用寿命终止还剩的时间。

指数随机变量 X 的概率密度函数为

$$f_X(x) = \begin{cases} \lambda e^{-\lambda x} & x > 0 \\ 0 & \text{其他} \end{cases}$$

其中，指数分布的参数是 λ，且必须满足 $\lambda > 0$，指数分布的图形特征是当随机变量 X 超过某个值时，概率随着这个值的增加而呈指数递减。研究指数分布的概率特性时，注意以下 3 个方面。

1）随机变量 X 超过某个指定值 a 的概率，当然此处需要满足 $a \geqslant 0$。依照定义，我们有：$P(X \geqslant a) = \int_a^\infty \lambda e^{-\lambda x} dx = e^{-\lambda a}$。

2）随机变量 X 位于区间 $[a, b]$ 内的概率：$P(a \leqslant X \leqslant b) = P(X \geqslant a) - P(X \geqslant b) = e^{-\lambda a} - e^{-\lambda b}$。

3）整个指数分布的数字特征同时也包含参数 λ 的物理含义，可以通过期望和方差的定义，直接用积分求得：$E[X] = \dfrac{1}{\lambda}$，$V[X] = \dfrac{1}{\lambda^2}$。

最后，我们还是来实际看看代码，如代码清单 2-10 所示。

代码清单 2-10 两组不同参数的指数分布

```
from scipy.stats import expon
import matplotlib.pyplot as plt
import numpy as np

x = np.linspace(0, 10, 1000)
```

```
expon_rv_0 = expon()
plt.plot(x, expon_rv_0.pdf(x), color='r', lw=3,
            alpha=0.6, label='$\\lambda$=1')
expon_rv_1 = expon(scale=2)
plt.plot(x, expon_rv_1.pdf(x), color='b', lw=3,
    alpha=0.6, label='$\\lambda$=0.5', linestyle='--')
plt.legend(loc='best', frameon=False)
plt.grid(ls='--')
plt.show()
```

运行结果如图 2-12 所示。

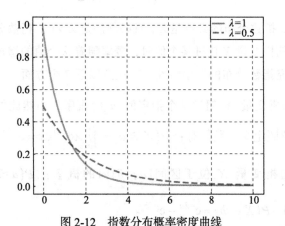

图 2-12　指数分布概率密度曲线

这里，我们来讲解一下代码。

第 06 行、第 09 行：分别生成了不同参数的两个指数分布。其中，第 06 行默认参数为 *scale* = 1；而第 09 行里指定 *scale* = 2，在这里 *scale* 参数和指数分布参数 λ 的关系为 $scale = \dfrac{1}{\lambda}$，因此 expon_rv_0 是服从参数 λ = 1 的指数分布，而 expon_rv_1 是服从参数 λ = 0.5 的指数分布。

最后，我们再来对指数型随机变量进行采样生成，我们采样的是服从参数 λ = 1 的指数分布，如代码清单 2-11 所示。

代码清单 2-11 对指数分布进行采样

```
from scipy.stats import expon
import matplotlib.pyplot as plt
import numpy as np

x = np.linspace(0, 10, 1000)
expon_rv = expon()
expon_rvs = expon_rv.rvs(100000)
plt.plot(x, expon_rv.pdf(x), color='r', lw=3,
         alpha=0.6, label='$\\lambda$=1')
plt.hist(expon_rvs, density=True, alpha=0.6, bins=50,
         edgecolor='k')
plt.legend(loc='best', frameon=False)

plt.grid(ls='--')
plt.show()
```

运行结果如图 2-13 所示。

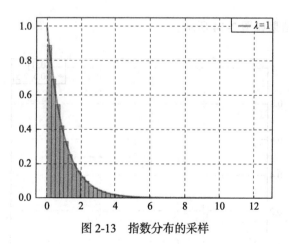

图 2-13 指数分布的采样

2.2.6 均匀分布及其随机变量

其实，我们还遗漏了一个很重要的分布，它虽然简单，但是在程序中出现的次数丝毫不少于正态分布和指数分布，这就是我们接下来要介绍的均匀分布, 如代码清单 2-12 所示。

代码清单 2-12　两组不同参数的均匀分布

```
from scipy.stats import uniform
import matplotlib.pyplot as plt
import numpy as np

x = np.linspace(-1, 3.5, 1000)
uniform_rv_0 = uniform()
uniform_rv_1 = uniform(loc=0.5, scale=2)

plt.plot(x, uniform_rv_0.pdf(x), color='r', lw=3,
         alpha=0.6, label='[0,1]')
plt.plot(x, uniform_rv_1.pdf(x), color='b', lw=3,
         alpha=0.6, label='[0.5,2.5]', linestyle='--')
plt.legend(loc='best', frameon=False)
plt.grid(ls='--')
plt.show()
```

运行结果如图 2-14 所示。

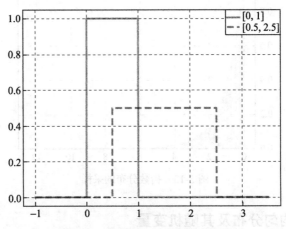

图 2-14　均匀分布的概率密度曲线

我们这里只说明一点, 在构造均匀分布时, 我们传入了两个参数:

loc 和 *scale*，指的是随机变量 *X* 在区间[*loc, loc+scale*] 上均匀分布，而区间内概率密度函数的取值，满足处处相等，这是均匀分布最重要，也是最显著的特征，如代码清单 2-13 所示。

代码清单 2-13　对均匀分布进行采样

```python
from scipy.stats import uniform
import matplotlib.pyplot as plt
import numpy as np

x = np.linspace(0, 3.5, 1000)
uniform_rv = uniform(1, 2)
uniform_rvs = uniform_rv.rvs(100000)
plt.plot(x, uniform_rv.pdf(x), 'r-', lw=3, alpha=0.6,
    label='[1,3]')
plt.hist(uniform_rvs, density=True, alpha=0.6,
    bins=50, edgecolor='k')
plt.legend(loc='best', frameon=False)
plt.grid(ls='--')

plt.show()
```

运行结果如图 2-15 所示。

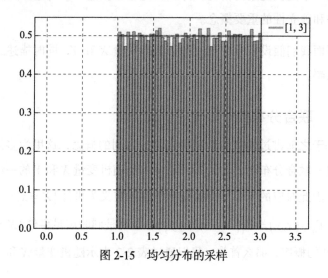

图 2-15　均匀分布的采样

至此，经过 2.1 节和 2.2 节内容的介绍，我们结合实践学习了离散型和连续型两类单一随机变量的有关内容。在接下来的章节中，我们围绕多元随机变量展开学习和讨论。

2.3　多元随机变量（上）: 联合、边缘与条件

这一节，我们从单一随机变量过渡到多元随机变量，并重点讨论多元随机变量的联合分布、边缘分布和条件分布等重要概念。

2.3.1　实验中引入多个随机变量

前两节我们讨论的离散型和连续型随机变量都是单一变量，然而在现实当中，一个实验往往会涉及多个随机变量。所谓多个随机变量是指在同一个实验结果之下产生的多个随机变量。这些随机变量的取值是由实验结果决定的，因此它们的取值存在相互关联。

我们以离散型随机变量为例，将离散型随机变量的分布列和期望推广到多个随机变量的情况，并且在此基础上进一步讨论多元随机变量条件和独立性的重要概念。

下面我们假设实验中存在两个随机变量 X 和 Y，同时描述二者的取值概率。

2.3.2　联合分布列

基于之前讲过的离散型随机变量分布列的概念，这里为多元随机变量引入联合分布列 $P_{X,Y}$。设 (x, y) 是随机变量 X 和 Y 的一组可能取值，因此对应的 (x, y) 的概率质量就定义为事件 $\{X = x, Y = y\}$ 的概率: $P_{X,Y}(x,y) = P(\{X = x, Y = y\})$，也就是同时满足事件 $\{X = x\}$ 和 $\{Y = y\}$ 的概率，那么首先，我们通过表 2-2 表示随机变量 X 和 Y 的联

合分布列。

表 2-2 随机变量 X 和 Y 的联合分布列

	x_1	x_2	x_3	x_4
y_1	$\frac{1}{24}$	$\frac{2}{24}$	$\frac{3}{24}$	$\frac{2}{24}$
y_2	$\frac{1}{24}$	$\frac{1}{24}$	$\frac{4}{24}$	$\frac{2}{24}$
y_3	$\frac{1}{24}$	0	$\frac{1}{24}$	$\frac{1}{24}$
y_4	0	$\frac{1}{24}$	$\frac{3}{24}$	$\frac{1}{24}$

结合表 2-2, 我们把联合分布列中的知识点梳理一遍。

1) 我们可以从表 2-2 中获得随机变量 X 和 Y 的任意一组取值的联合概率, 例如: $P_{X,Y}(x_3, y_2) = P(X = x_3, Y = y_2) = \frac{4}{24}$。

2) 对于由随机变量 X 和 Y 构成的任意事件集合也是一样的, 例如我们定义事件集合 $A = \{(x_1, y_2), (x_3, y_2), (x_4, y_4)\}$, 那么很显然, 直接就能从联合分布列中计算出事件集合的总概率:

$$P\big((X, Y) \in A\big) = \sum_{(x,y) \in A} P_{X,Y}(x, y) = \frac{1}{24} + \frac{4}{24} + \frac{1}{24} = \frac{6}{24}$$

3) 我们把表 2-2 中所有的联合概率相加, 得到的结果必然是 1, 这也满足概率的归一性。

2.3.3 边缘分布列

接下来, 我们把事件集合重新再定义一下, 例如把事件集合 A 设置为表 2-2 中的第一列, 即 $A = \{(x_1, y_1), (x_1, y_2), (x_1, y_3), (x_1, y_4)\}$, 此时我们计算出事件集合 A 的总概率 $P_X(x_1) = P(X = x_1)$, 对于这个概率，我们把它称为边缘概率：

$$P_X(x_1) = \frac{1}{24} + \frac{1}{24} + \frac{1}{24} + 0 = \frac{3}{24}$$

当然，更进一步，如果我们把随机变量 X 所有取值的边缘概率都计算出来，就能得到随机变量 X 的边缘分布列：

$$P_X(x) = P(X = x) = \sum_y P(X = x, Y = y) = \sum_y P_{X,Y}(x, y)$$

为了更直观地理解公式，我们先求随机变量 X 每一个取值的边缘概率，也就是把对应列的联合概率全部相加，然后再把 $X=x_i$ 的所有边缘概率放在一起，就是随机变量 X 的边缘分布列，如表 2-3 所示。

表 2-3　随机变量 X 的边缘分布列

取值	x_1	x_2	x_3	x_4
$P_x(x)$	$\frac{3}{24}$	$\frac{4}{24}$	$\frac{11}{24}$	$\frac{6}{24}$

当然，随机变量 Y 的边缘分布也是同理：$P_Y(y) = P(Y = y) = \sum_x P(X = x, Y = y) = \sum_x P_{X,Y}(x, y)$。

边缘概率和边缘分布列的"边缘"是什么含义？一句话描述就是，随机变量 X 的边缘分布列及其任意一个边缘概率的取值，都是只与自己有关，而与其他的随机变量（这里是随机变量 Y）无关。

而对应的联合分布列和联合概率中的"联合"二字，意思也很明显，这里面的取值由所有的随机变量，即随机变量 X 和 Y 来共同决定。

2.3.4　条件分布列

通过前面的学习，我们知道条件可以给某些事件提供补充信息，由于随机变量的取值也是一种事件类型，因此同样地，条件也可以对随机变量的取值提供补充信息。那么既然如此，我们是不是能引入随机变量的条件分布列呢？当然是可以的。

条件可以指某个事件的发生，当然也可以包含其他随机变量的取值。图 2-16 所示是条件分布列的概念示意图。

通过观察图 2-16 我们可以发现，在某个事件 A 发生的情况下，可以很容易地给出随机变量 X 发生的条件分布列，还记得条件概率的表达式吗？拿过来直接套用就可以了：

$$P_{X|A}(x) = P(X = x \mid A) = \frac{P(\{X = x\} \cap A)}{P(A)}$$

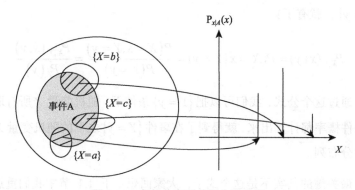

图 2-16　条件分布列的概念示意图

看上去是不是很熟悉？但是有些关键点我还是要再提一下，首先对于随机变量 X 不同的取值 $x_1, x_2, x_3, \cdots, x_n$，$\{X = x\} \cap A$ 彼此之间互不相容，并且它们的并集是整个事件 A。当然，在图 2-16 中，随机变量 X 的取值没有完全覆盖事件 A，因为这只是一个示意图而已，没有画完整。

对于这个事件 A，我们知道，它既可以对应某个事件的发生，又可以对应另外一个随机变量的具体取值。我们这里重点讨论给定另一个随机变量值的前提下的条件概率。

我们还是回到试验中，对于两个随机变量 X 和 Y，我们假定的条件就是随机变量 Y 已经取定了一个具体的值 y，那么意味着，这个 y 值的选取可能会提供关于随机变量 X 取值的部分信息，反映在我们的条件分布列 $P_{X|Y}$ 中，对应来看条件分布列中的事件 A 就是随机变量的取值 $\{Y = y\}$。

那么，此时我们把上面的条件分布列的定义式 $P_{X|A}(x) = P(X = x \mid A) = \dfrac{P(\{X = x\} \cap A)}{P(A)}$ 中的条件事件 A，替换成随机变量的取值 $\{Y = y\}$，就有了：

$$P_{X|Y}(x \mid y) = P(X = x \mid Y = y) = \frac{P(X = x, Y = y)}{P(Y = y)} = \frac{P_{X,Y}(x, y)}{P_Y(y)}$$

通过这个公式，我们可以把 $\{Y = y\}$ 条件下，随机变量 X 所有取值的条件概率都计算出来，就得到了在事件 $\{Y = y\}$ 之下的随机变量 X 的条件分布列。

最关键的其实不是这个式子，大家回想一下 1.1 节中我们重点分析过的贝叶斯公式，同样地，我们把上面的式子整理一下，有：

$$P_{X,Y}(x, y) = P_Y(y) P_{X|Y}(x \mid y)$$

$$P_{X,Y}(x, y) = P_X(x) P_{Y|X}(y \mid x)$$

这组公式非常重要，它们完美地把多个随机变量的联合概率、边缘概率和条件概率这 3 个概念结合在了一起，串联了这节的核心内容。

我们还是举上面的例子，具体对其进行计算验证，如表 2-4 所示。

表 2-4 随机变量 X 和 Y 的联合分布列

	x_1	x_2	x_3	x_4
y_1	$\frac{1}{24}$	$\frac{2}{24}$	$\frac{3}{24}$	$\frac{2}{24}$
y_2	$\frac{1}{24}$	$\frac{1}{24}$	$\frac{4}{24}$	$\frac{2}{24}$
y_3	$\frac{1}{24}$	0	$\frac{1}{24}$	$\frac{1}{24}$
y_4	0	$\frac{1}{24}$	$\frac{3}{24}$	$\frac{1}{24}$

我们来看看满足 $\{Y = y_2\}$ 的条件下，随机变量 X 的条件分布列。

首先计算边缘概率：$P_Y(y_2) = \frac{1}{24} + \frac{1}{24} + \frac{4}{24} + \frac{2}{24} = \frac{8}{24}$

$$P_{X|Y}(x_1 | y_2) = \frac{P_{X,Y}(x_1, y_2)}{P_Y(y_2)} = \frac{1/24}{8/24} = \frac{1}{8}$$

$$P_{X|Y}(x_2 | y_2) = \frac{P_{X,Y}(x_2, y_2)}{P_Y(y_2)} = \frac{1/24}{8/24} = \frac{1}{8}$$

$$P_{X|Y}(x_3 | y_2) = \frac{P_{X,Y}(x_3, y_2)}{P_Y(y_2)} = \frac{4/24}{8/24} = \frac{4}{8}$$

$$P_{X|Y}(x_4 | y_2) = \frac{P_{X,Y}(x_4, y_2)}{P_Y(y_2)} = \frac{2/24}{8/24} = \frac{2}{8}$$

结合起来，我们就能得出条件分布列：$P_{X|Y}(x | y_2)$，如表 2-5 所示。

表 2-5 随机变量 X 的条件分布列

取值	x_1	x_2	x_3	x_4
$P_{X|Y}(x|y_2)$	$\frac{1}{8}$	$\frac{1}{8}$	$\frac{4}{8}$	$\frac{2}{8}$

我们把这个条件分布列的所有项进行相加，得到的结果为 1，当然也必须为 1，满足归一化的条件和要求。

2.3.5 集中梳理核心的概率理论

在开始学习后续章节的新知识之前，我们结合目前已经讲过的内容，将条件概率、联合概率、边缘概率、全概率、贝叶斯定理等内容，集中做一个梳理。

首先从条件概率及归一性开始。

实际上，条件分布和无条件分布唯一的差别就是条件分布存在一个事件发生的前提，我们接下来进行概念推演。

图 2-17 绘制了随机变量 X 构成的样本空间，其中 Y 为当中发生的某事件。从这里我们就得到了随机变量 X 在给定事件 Y 发生的前提下的条件分布列：$P_{X|Y}(x) = P(X = x | Y)$。

由概率的归一性原则，我们就能够得到：$\sum_{x} P_{X|Y}(x) = 1$。

随后从条件概率、联合概率推进到边缘概率。

我们进一步对样本空间做一个划分，用互不相容的事件 $A_1, A_2,$ A_3, A_4 对样本空间进行分割，如图 2-18 所示。

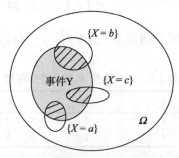

图 2-17　随机变量 X 构成的样本空间

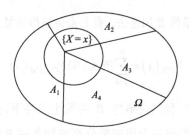

图 2-18 在样本空间中做一个划分

基于图 2-18，我们有 $P_X(x) = \sum_{i=1}^{n} P(A_i) P_{X|A_i}(x)$。

这个式子很简单，就是联合概率到边缘概率的一个转换关系，大家可能觉得理解起来还有些困难，这是因为中间省掉了一步条件概率和联合概率的转换关系，我们把它添加进来就豁然开朗了。

$$P_X(x) = \sum_{i=1}^{n} P(A_i \cap \{X = x\}) = \sum_{i=1}^{n} P(A_i) P_{X|A_i}(x)$$

接着我们更进一步，在划分中再引入条件。

我们在样本空间中给随机变量 X 的取值增加一个条件事件 B，同时为了展示方便，要求 $P(B \cap A_i) > 0$，如图 2-19 所示。

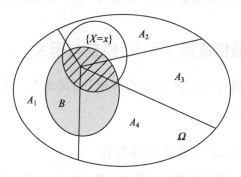

图 2-19 在划分中再引入条件事件

这里再把条件事件 B 加进去, 看上去会显得很复杂, 我们先看结论:

$$P_{X|B}(x) = \sum_{i=1}^{n} P(A_i \mid B) P_{X|A_i \cap B}(x)$$

看到规律了吗? 我们在事件 *B* 的发生条件下讨论事件 $\{X=x\}$ 发生的概率, 在式子的每一个组成部分都添加条件 *B* 即可, 等式依然是成立的, 这就得到了结果表达式。

因为这条知识线索实在是太重要了, 我们再把条件概率、联合概率、边缘概率反映在一组等式中, 让读者能够理解得更透彻:

$$P_{X,Y}(x,y) = P_Y(y) P_{X|Y}(x \mid y)$$

$$P_X(x) = \sum_y P_Y(y) P_{X|Y}(x \mid y)$$

为什么反反复复提了 3 遍这组公式? 因为在它简单的形式之下, 包含了太多的信息量, 其重要性不言而喻。在后续随机过程的学习中, 相关内容随处可见, 因此大家不可不察。

仔细揣摩一下, 就会发现这里面有一条很清晰的线索, 把事件、随机变量、条件概率、全概率、边缘概率、贝叶斯定理等内容全部串联起来, 从这个角度纵览全局, 你会有一种一览众山小的快感。

2.4 多元随机变量 (下): 独立与相关

这一节, 我们重点围绕独立性和相关性的概念, 讨论多元随机变量之间的关系。

2.4.1 随机变量与事件的独立性

在第 1 章, 我们探讨过事件独立性的概念, 同时我们知道, 随机变量的取值本质上也是一个事件, 因此不难理解其独立性的含义。

首先我们讨论随机变量与事件之间的相互独立性, 本质就是事件发生与否, 不会对随机变量的取值提供额外的新信息, 这其实和事件独立性的概念是相类似的。用条件概率的公式来表示, 则,

如果随机变量 X 独立于事件 A, 那么满足:

$P(\{X = x\} \cap A) = P(\{X = x\})P(A) = P_X(x)P(A)$, 对随机变量 X 的一切取值 $X=x$ 都成立。

同时我们再看一下联合概率和条件概念的关系式:

$$P(\{X = x\} \cap A) = P_{X|A}(x)P(A)$$

我们把上下这两个式子结合起来看, 就有了:

$$P_X(x)P(A) = P_{X|A}(x)P(A) \Rightarrow P_X(x) = P_{X|A}(x)$$

因此, $P_X(x) = P_{X|A}(x)$ 对于随机变量 X 的一切取值恒成立, 也就是随机变量 X 和事件 A 满足独立性的等价条件, 即: 无条件分布列和条件分布列完全相等。

2.4.2 随机变量之间的独立性

如果我们把上面的事件 A 看成是另一个随机变量 Y 的取值, 就能得到随机变量 X 和随机变量 Y 之间相互独立需要满足的条件。

即: $P_{X,Y}(x, y) = P_X(x)P_Y(y)$, 对于任意的取值 x 和取值 y 都成立, 换言之, 也就是事件 $\{X = x\}$ 和 $\{Y = y\}$ 相互独立。

然后再通过条件概率和联合概率的公式 $P_{X,Y}(x, y) = P_{X|Y}(x \mid y) P_Y(y)$ 进行转换, 最终得到: $P_{X|Y}(x \mid y) = P_X(x)$, 对于一切取值 x 和满足 $P_Y(y) > 0$ 的取值 y 都成立。

其实道理也是一样的, 独立性意味着随机变量 Y 的取值, 不会给随机变量 X 的取值提供任何额外的信息。

2.4.3 独立性示例

我们通过举例加深对独立性的理解, 表 2-6 是随机变量 X 和 Y 的联合分布列。

表 2-6   随机变量 X 和 Y 的联合分布列

	x_1	x_2	x_3	x_4
y_1	$\frac{4}{24}$	$\frac{1}{24}$	0	$\frac{3}{24}$
y_2	0	$\frac{1}{24}$	$\frac{2}{24}$	0
y_3	$\frac{1}{24}$	0	$\frac{2}{24}$	$\frac{4}{24}$
y_4	$\frac{1}{24}$	$\frac{2}{24}$	$\frac{1}{24}$	$\frac{2}{24}$

我们来检验一下随机变量之间是否相互独立, 首先我们计算概率 $P_X(2)$:

$$P_X(2) = \frac{1}{24} + \frac{1}{24} + 0 + \frac{2}{24} = \frac{4}{24}$$

然后, 引入 $\{Y=3\}$ 这个随机变量取值的事件条件, 很显然我们发现:

$$P_{X|Y}(2|3) = P(X=2|Y=3) = 0$$

显然, $P_X(2) \neq P_{X|Y}(2|3)$, 按照定义, 不满足随机变量 X 和 Y 之间相互独立的条件。

2.4.4 条件独立的概念

同条件概率一样, 很多情况下我们需要在一些特定事件发生的条件下讨论随机变量之间的独立性，这在实际应用当中很有意义。

如果随机变量 X 和 Y 满足事件 A 成立下的条件独立，那么在随机变量独立性的定义式中，我们在每一个部分都添加一个事件条件 A，则对于一切取值 x 和 y，都满足：

$$P(X=x, Y=y \mid A) = P(X=x \mid A) P(Y=y \mid A)$$

同样地，最终我们还是可以将上面的等式转换成类似条件概率和无条件概率的等价形式：$P_{X \mid Y, A}(x \mid y) = P_{X \mid A}(x)$，对于一切取值 x 和满足 $P_Y(y) > 0$ 的取值 y 成立。

还是用联合分布列来举例，只不过这次我们设定一个条件事件，即事件 A 为 $\{X \geqslant 3 \bigcap Y \geqslant 3\}$，和表 2-6 中的联合分布列相比，这里我们只探讨表 2-7 中阴影范围内的随机变量独立性。

表 2-7　探讨随机变量 X 和 Y 的条件独立性

	x_1	x_2	x_3	x_4
y_1	$\frac{4}{24}$	$\frac{1}{24}$	0	$\frac{3}{24}$
y_2	0	$\frac{1}{24}$	$\frac{2}{24}$	0
y_3	$\frac{1}{24}$	0	$\frac{2}{24}$	$\frac{4}{24}$
y_4	$\frac{1}{24}$	$\frac{2}{24}$	$\frac{1}{24}$	$\frac{2}{24}$

由表 2-7 可知，$P_{3 \mid Y, A}(3 \mid y) = P_{3 \mid A}(3)$，$P_{4 \mid Y, A}(4 \mid y) = P_{4 \mid A}(4)$ 对于随机变量 Y 的取值 $Y=3$ 或 $Y=4$ 都成立。

因此，原本并不满足相互独立的随机变量 X 和随机变量 Y，在事件 A 的条件下满足条件独立。看来条件独立和独立不是等价的概念，大家一定要注意区分。

2.4.5　独立随机变量的期望和方差

我们从两个随机变量的情况入手，先看一个很重要的结论——如果随机变量 X 和随机变量 Y 相互独立，它们之间的期望就应该满足如下关系：

$$E[XY] = E[X]E[Y]$$

这个结论看上去比较直观，我们通过定义进行验证：

$$E[XY] = \sum_x \sum_y xy P_{X,Y}(x,y)$$

关键点是，由于随机变量之间满足独立性，它们的联合分布列和边缘分布列之间满足：

$$P_{X,Y}(x,y) = P_X(x)P_Y(y)$$

因此，对等式进行替换，则有：

$$E[XY] = \sum_x \sum_y xy P_{X,Y}(x,y) = \sum_x \sum_y xy P_X(x)P_Y(y)$$
$$= \sum_x x P_X(x) \sum_y y P_Y(y) = E[X]E[Y]$$

我们只看等式头和尾，就能得到结论：$E[XY] = E[X]E[Y]$。

对于方差，我们主要观察相互独立的随机变量 X 和随机变量 Y 的和，即：$X+Y$ 的方差。为了操作方便，这里对随机变量 X 和随机变量 Y 进行预处理，将它们平移和去中心化，使得随机变量的期望变为 0，但是方差仍然能保持不变：

$\tilde{X} = X - E[X]$，$\tilde{Y} = Y - E[Y]$，则此时满足 $E[\tilde{X}] = 0$、$E[\tilde{Y}] = 0$。

接下来，我们将式子 $\mathrm{var}(X+Y) = \mathrm{var}(\tilde{X} + \tilde{Y})$ 按照方差的定义进行展开：

$$\mathrm{var}(X+Y) = \mathrm{var}(\tilde{X} + \tilde{Y}) = E\left[\left(\tilde{X} + \tilde{Y} - E\left[\tilde{X} + \tilde{Y}\right]\right)^2\right]$$

由于 $E[\tilde{X} + \tilde{Y}] = E[\tilde{X}] + E[\tilde{Y}] = 0$，因此则有：

$$\begin{aligned} E\left[\left(\tilde{X} + \tilde{Y} - E\left[\tilde{X} + \tilde{Y}\right]\right)^2\right] &= E\left[\left(\tilde{X} + \tilde{Y}\right)^2\right] \\ &= E\left[\tilde{X}^2 + \tilde{Y}^2 + 2\tilde{X}\tilde{Y}\right] \\ &= E[\tilde{X}^2] + E[\tilde{Y}^2] + 2E[\tilde{X}\tilde{Y}] \end{aligned}$$

由于随机变量 X 和随机变量 Y 之间满足独立性，则满足 $E\left[\tilde{X}\tilde{Y}\right] = E\left[\tilde{X}\right]E\left[\tilde{Y}\right] = 0$，因此有：

$$\begin{aligned} E\left[\tilde{X}^2\right] + E\left[\tilde{Y}^2\right] + 2E\left[\tilde{X}\tilde{Y}\right] &= E\left[\tilde{X}^2\right] + E\left[\tilde{Y}^2\right] \\ &= E\left[\left(\tilde{X} - E\left[\tilde{X}\right]\right)^2\right] + E\left[\left(\tilde{Y} - E\left[\tilde{Y}\right]\right)^2\right] \\ &= \mathrm{var}\left[\tilde{X}\right] + \mathrm{var}\left[\tilde{Y}\right] = \mathrm{var}\left[X\right] + \mathrm{var}\left[Y\right] \end{aligned}$$

最终顺利推理出独立的随机变量 X 和 Y 满足：

$$\mathrm{var}\left[X+Y\right] = \mathrm{var}\left[X\right] + \mathrm{var}\left[Y\right]$$

我们进行一下总结，随机变量 X 和 Y 之间满足 2 个等式：$E[XY] = E[X]E[Y]$ 和 $\mathrm{var}[X+Y] = \mathrm{var}[X] + \mathrm{var}[Y]$ 的前提条件是随机变量之间满足独立性。而 $E[X+Y] = E[X] + E[Y]$ 成立，则不需要任何前提条件。

然后，我们再扩展到两个以上的随机变量。我们假设有 3 个随机变量 X, Y, Z，如果它们之间满足 $P_{X,Y,Z}(x,y,z) = P_X(x)P_Y(y)P_Z(z)$，对于一切随机变量的取值 x, y, z 都成立，则称这 3 个随机变量 X, Y, Z 是相互独立的。

同理，多个相互独立的随机变量的和的方差满足：

$$\mathrm{var}[X + Y + Z] = \mathrm{var}[X] + \mathrm{var}[Y] + \mathrm{var}[Z]$$

请大家注意，这个式子非常有用，独立随机变量的和会出现在许多实际的应用场合中，其中细节我们先按下不表，到后面的相关章节再仔细分析。

2.4.6 随机变量的相关性分析及量化方法

上文我们仅讨论随机变量之间是否独立，并不关心或者并没有深入探究随机变量之间的具体关系。下面我们将通过量化的方法衡量多元随机变量之间的相关程度，即当某一个变量改变时，其他变量将发生多大的变化。

这里强调一下多元随机变量之间的关系，我们讨论的随机变量 X 和 Y 之间是严格的配对关系，例如随机变量 $X = x_k$ 时，必然有固定的随机变量 $Y = y_k$ 取值与之配对，因此二元随机变量的分布可以用二维坐标的形式表示，也就是在平面上用散点图进行可视化表示。

下面我们进一步探讨随机变量 X 和随机变量 Y 之间的关系，如果它们之间存在着某种关系，我们一般比较关心这种关系的"紧密"程度，或者相互之间变化的"趋势"。所谓趋势，直白点说，就是随着 X 取值变大，随机变量 Y 的取值是趋于变大还是变小。

2.4.7 协方差及协方差矩阵

对随机变量 X 和 Y 进行相关性定量分析的指标就是我们下面要介绍的协方差，随机变量 X 和 Y 的协方差定义为

$$\text{cov}(X,Y) = E\Big[\big(X - E[X]\big)\big(Y - E[Y]\big)\Big]$$

这是从数据分布的总体进行分析的，如果计算出来的协方差结果为正，则随机变量 X 和 Y 有相同的变化趋势，简单点说就是随着随机变量 X 增大，随机变量 Y 整体上也随之变大。

这里我们要注意一点，不一定随机变量 X 的每一个取值变大时，随机变量 Y 的对应取值都变大。我们观察的是期望，是整体趋势，因此只要大部分取值保持正相关，就能保证协方差公式计算结果为正，整体上随机变量 X 和 Y 保持正相关。我们这么说可能更好理解：当随机变量 X 的取值大于期望值时，随机变量 Y 的取值大于期望值的概率也将增大。

反之，如果协方差的结果为负，则表示当一方增大时，另一方反而趋于减小，随机变量 X 和 Y 呈负相关。

协方差结果如果为 0，则表示随机变量 X 和 Y 不相关，即当一方增大时，另一方并不会因此表现出增大或减小的趋势，随机变量 X 和 Y 不具有相关性。

假设此时我们将随机变量的个数由两个拓展到 n 个：$X_1, X_2, X_3, \cdots, X_n$，如何分析随机变量之间的相关性呢？答案很简单：两两计算所有随机变量对 X_i 和 X_j 之间的协方差。

方差公式也可以统一到协方差公式中来，换句话说，随机变量与自身的"协方差"在公式中反映出来的就是方差。

因此，我们可以将上述结果放到一个矩阵中，也就是本节的另一个重点：协方差矩阵。第 i 行、第 j 列表示随机变量 X_i 和随机变量 X_j 的协方差，对角线上的元素表示的就是随机变量 X_i 自身的方差：

$$\begin{bmatrix} V[X_1] & \mathrm{cov}[X_1,X_2] & \mathrm{cov}[X_1,X_3] \\ \mathrm{cov}[X_2,X_1] & V[X_2] & \mathrm{cov}[X_2,X_3] \\ \mathrm{cov}[X_3,X_1] & \mathrm{cov}[X_3,X_2] & V[X_3] \end{bmatrix}$$

由 $\mathrm{cov}[X_i,X_j]=\mathrm{cov}[X_j,X_i]$ 可知，协方差矩阵一定是一个对称矩阵。

2.4.8　相关系数的概念

说到这里，我们拿 X 和 Y、Z 和 W 两组随机变量做对比，通过计算得到两个协方差：$\mathrm{cov}[X,Y]$ 以及 $\mathrm{cov}[Z,W]$。

如果两个协方差的计算结果都为正，则可以说随机变量 X 和 Y 正相关，Z 和 W 也正相关。但是倘若满足 $\mathrm{cov}[Z,W]>\mathrm{cov}[X,Y]$，能够直接得出随机变量 Z 和 W 的相关性大于 X 和 Y 的结论吗？

我们不忙着下结论，先看下面这套推理。

假如随机变量 X 和 Y、Z 和 W 之间满足倍数关系，即，$Z=aX$，$W=aY$，同时随机变量 X 和 Y 各自的期望为 $E[X]=\mu$，$E[Y]=v$。于是按照协方差的定义，就有下面的一系列展开：

$$\begin{aligned} \mathrm{cov}[Z,W]=\mathrm{cov}[aX,aY]&=E\big[(aX-a\mu)(aY-av)\big] \\ &=a^2E\big[(X-\mu)(Y-v)\big]=a^2\,\mathrm{cov}[X,Y] \end{aligned}$$

可以看到，经过推导，我们发现随机变量 Z 和 W 之间的协方差是 X 和 Y 之间协方差的 a^2 倍，但是随机变量 Z 和 W 之间的相关性较之 X 和 Y 有变化吗？显然是没有的。

这一节，我们快速罗列了多元随机变量独立与相关的理论概念，这些知识可能不太直观，甚至有些枯燥，为了进一步深刻揭示这些概念的内涵，便于读者理解，我们在下一节会以多元正态分布为例进行更多的案例分析。

2.5 多元随机变量实践: 聚焦多元正态分布

在前面两节中, 我们介绍了多元随机变量的有关概念, 重点围绕多元随机变量的联合概率、条件与边缘概率分布以及独立性和相关性, 阐述了多元随机变量之间的关系, 这些都是多元随机变量重点关注和研究的问题。

在 2.3 节、2.4 节理论知识的基础之上, 本节将以多元正态分布为例, 帮助读者更直观地理解和强化这些概念和方法。

2.5.1 再谈相关性: 基于二元标准正态分布

之前我们介绍过随机变量的正态分布, 这里我们引入多元随机变量的正态分布。

如果向量 Z 由若干个遵从标准正态分布的独立同分布随机变量 $Z_1, Z_2, Z_3, \cdots, Z_n$ 组成, 则向量 Z 遵从 n 元标准正态分布。

为了便于讨论, 这里主要讨论二元随机变量的情况。在随机变量 X 和 Y 组成的二元标准正态分布中, 随机变量 X 和 Y 都服从均值为 0, 方差为 1 的标准正态分布, 并且随机变量 X 和 Y 之间的协方差为 0, 协方差矩阵为 $\begin{bmatrix} 1 & 0 \\ 0 & 1 \end{bmatrix}$。

我们利用 Python 生成服从二元标准正态分布的随机变量 X 和 Y, 并通过可视化的方式进行观察, 如代码清单 2-14 所示。

代码清单 2-14 生成二元标准正态分布

```
import numpy as np
import matplotlib.pyplot as plt
```

```
mean = np.array([0, 0])
conv = np.array([[1, 0],
                 [0, 1]])

x, y = np.random.multivariate_normal(mean=mean,
    cov=conv, size=5000).T
plt.figure(figsize=(6, 6))
plt.plot(x, y, 'ro', alpha=0.2)
plt.gca().axes.set_xlim(-4, 4)
plt.gca().axes.set_ylim(-4, 4)
plt.grid(ls='--')
plt.show()
```

在代码中，我们生成了均值为 0，方差为 1，随机变量间协方差为 0 的二元标准正态分布随机变量 X 和 Y，一共生成了 3000 组样本，运行结果如图 2-20 所示。

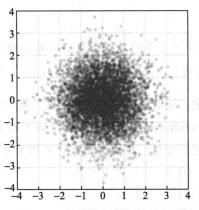

图 2-20　二元标准正态分布样本示意图

从图 2-20 中我们发现，在均值点（这里对应的是原点）附近，样本出现的概率较高，远离均值点的地方样本出现的概率较低（我们设置的样本点的透明度为 0.2，因此颜色越深意味着样本点的个数越多），并且无论是哪个方向，总体上概率没有表现出太大区别。

2.5.2 二元一般正态分布

通过调整参数, 我们可以逐渐将二元标准正态分布变换为二元一般正态分布。可以调整的参数主要有 3 个方面。

1) 调整多个随机变量自身的均值, 让样本整体在二维平面上进行平移。

2) 调整随机变量 X 和 Y 的方差, 当然此时我们还是保留它们互相之间彼此独立的关系, 先来观察一下样本图像的特点。

与标准二元正态分布对照, 我们设定随机变量 X_2 的方差为 4, Y_2 的方差为 0.25, 对比观察如代码清单 2-15 所示。

代码清单 2-15 生成二元一般正态分布

```
import numpy as np
import matplotlib.pyplot as plt

mean = np.array([0, 0])
conv_1 = np.array([[1, 0],
                   [0, 1]])

conv_2 = np.array([[4, 0],
                   [0, 0.25]])

x_1, y_1 = np.random.multivariate_normal(mean=mean,
    cov=conv_1, size=3000).T
x_2, y_2 = np.random.multivariate_normal(mean=mean,
    cov=conv_2, size=3000).T
plt.figure(figsize=(6, 6))
plt.plot(x_1, y_1, 'ro', alpha=0.05)
plt.plot(x_2, y_2, 'bo', alpha=0.05)
plt.gca().axes.set_xlim(-6, 6)
plt.gca().axes.set_ylim(-6, 6)
plt.grid(ls='--')
plt.show()
```

运行结果如图 2-21 所示。

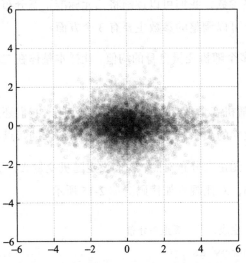

图 2-21   彼此独立的二元非标准正态分布示意图

　　与图 2-20 相对比，图 2-21 中呈现为椭圆分布的深色样本点，就是调整了随机变量各自的方差，但保持随机变量 X 和 Y 之间协方差为 0 的样本分布。

　　3）保持随机变量的方差不变，通过改变协方差的值，来观察协方差的变换给随机变量间的相关特性带来的影响以及在图像上的变化，如代码清单 2-16 所示。

代码清单 2-16   改变随机变量协方差的值

```
import numpy as np
import matplotlib.pyplot as plt

fig, ax = plt.subplots(2, 2)
mean = np.array([0,0])

conv_1 = np.array([[1, 0],
```

```
                     [0, 1]])
conv_2 = np.array([[1, 0.3],
                    [0.3, 1]])
conv_3 = np.array([[1, 0.85],
                    [0.85, 1]])
conv_4 = np.array([[1, -0.85],
                    [-0.85, 1]])

x_1, y_1 = np.random.multivariate_normal(mean=mean,
    cov=conv_1, size=3000).T
x_2, y_2 = np.random.multivariate_normal(mean=mean,
    cov=conv_2, size=3000).T
x_3, y_3 = np.random.multivariate_normal(mean=mean,
    cov=conv_3, size=3000).T
x_4, y_4 = np.random.multivariate_normal(mean=mean,
    cov=conv_4, size=3000).T

ax[0][0].plot(x_1, y_1, 'bo', alpha=0.05)
ax[0][1].plot(x_2, y_2, 'bo', alpha=0.05)
ax[1][0].plot(x_3, y_3, 'bo', alpha=0.05)
ax[1][1].plot(x_4, y_4, 'bo', alpha=0.05)

ax[0][0].grid(ls='--')
ax[0][1].grid(ls='--')
ax[1][0].grid(ls='--')
ax[1][1].grid(ls='--')
plt.show()
```

在代码中,我们生成了 4 组二元正态分布,其中第一组是作为对照的二元标准正态分布、第二组的协方差为 0.3、第三组的协方差为 0.85、第四组的协方差为–0.85。

运行结果如图 2-22 所示。

通过运行结果我们不难发现,与二元标准正态分布的样本图像呈现为圆形相比,协方差不为 0 的二元正态分布呈现为一定斜率的椭圆图像,并且协方差越大,椭圆越窄。

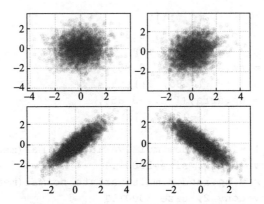

图 2-22　彼此相关的二元非标准正态分布示意图

同时，协方差为正和为负，椭圆的方向是相反的，这个很容易理解，分别对应体现了随机变量之间的正相关和负相关。

2.5.3　聚焦相关系数

有了生成多元正态分布随机变量的方法和可视化手段之后，我们再来从量化的角度回答前面提到的问题：对于协方差大的两个随机变量，它们之间的相关性一定大于协方差小的随机变量吗？我们来看代码清单 2-17 所示的代码。

代码清单 2-17　观察协方差与相关性的关系

```
import numpy as np
import matplotlib.pyplot as plt

fig, ax = plt.subplots(1, 2)
mean = np.array([0,0])

conv = np.array([[1, 0.85],
                 [0.85, 1]])

x_1, y_1 = np.random.multivariate_normal(mean=mean,
    cov=conv, size=3000).T
```

```
x_2 = x_1*100
y_2 = y_1*100

ax[0].plot(x_1, y_1, 'bo', alpha=0.05)
ax[1].plot(x_2, y_2, 'bo', alpha=0.05)

S_1 = np.vstack((x_1, y_1))
S_2 = np.vstack((x_2, y_2))
print(np.cov(S_1))
print(np.cov(S_2))

ax[0].grid(ls='--')
ax[1].grid(ls='--')
plt.show()
```

运行结果如下。

```
[[1.03533866 0.879386  ]
 [0.879386   1.02916918]]

[[10353.38658014  8793.8599675 ]
 [ 8793.8599675  10291.69181821]]
```

从代码中, 我们首先按照协方差矩阵 $\begin{bmatrix} 1 & 0.85 \\ 0.85 & 1 \end{bmatrix}$ 生成二元正态分布随机变量 X_1 和 Y_1, 然后将其各自扩大 100 倍, 得到新的二元正态分布随机变量 X_2 和 Y_2。

通过对各自生成的 3000 个样本点进行计算, 发现随机变量 X_2 和 Y_2 之间的协方差 (包括方差) 是随机变量 X_1 和 Y_1 的 10 000 倍, 满足协方差的数量关系:

$$\text{cov}[X_2, Y_2] = \text{cov}[100X_1, 100Y_1] = E\left[(100X_1 - 100\mu)(100Y_1 - 100\nu)\right]$$
$$= 100^2 E\left[(X_1 - \mu)(Y_1 - \nu)\right] = 100^2 \text{cov}[X_1, Y_1]$$

然而, 让我们再看两组随机变量的样本图像, 如图 2-23 所示。

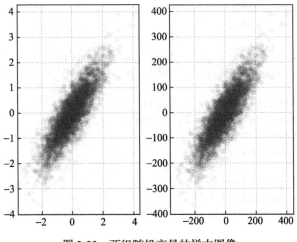

图 2-23   两组随机变量的样本图像

那么，随机变量 X_2 和 Y_2 的相关性提升了吗？显然没有。

一方面说协方差越大，相关性越大；一方面又说，协方差即使大了 10 000 倍，相关性也不一定就大。这是怎么回事呢?

实际上，这并不矛盾，这里主要是想告诉大家，随机变量选取的量纲不同，会对方差和协方差的结果带来的影响，这在我们的公式推导中已经反复说明多次了。

因此我们需要对随机变量进行标准化，即缩放处理，具体的方法就是随机变量除以其标准差，其实本质上就是让各个随机变量的方差都回到 1，通过这种方法得到的新指标:

$$\rho_{XY} = \text{cov}\left[\frac{X}{\sigma_X}, \frac{Y}{\sigma_Y}\right] = \frac{\text{cov}[X,Y]}{\sigma_X \sigma_Y} = \frac{\text{cov}[X,Y]}{\sqrt{V[X]}\sqrt{V[Y]}}$$

进行标准化处理之后得到了相关系数，我们就可以放心地使用它进行随机变量相关性的分析。

有 3 个重要的结论希望大家能够牢记。

1）经过标准化处理之后的相关系数，取值介于 [−1,1] 之间，若相关系数为 0，则说明随机变量之间相互独立。

2）相关系数的绝对值越接近 1，随机变量之间的相关性越强，样本分布图像呈现的椭圆就越窄，如果相关系数的绝对值取到 1，图像收缩为一条直线。

3）相关系数为正，则随机变量正相关，图像呈现为右上方倾斜；相关系数为负，则随机变量负相关，图像呈现为左上方倾斜。

我们回到上面的例子中来，计算两组随机变量的相关系数，如代码清单 2-18 所示。

代码清单 2-18　计算两组随机变量的相关系数

```python
import numpy as np

mean = np.array([0,0])
conv = np.array([[1, 0.85],
                 [0.85, 1]])

x_1, y_1 = np.random.multivariate_normal(mean=mean,
    cov=conv, size=3000).T
x_2 = x_1*100
y_2 = y_1*100

S_1 = np.vstack((x_1, y_1))
S_2 = np.vstack((x_2, y_2))

print(np.corrcoef(S_1))
print(np.corrcoef(S_2))
```

运行结果如下。

```
[[ 1.          0.85250365]
 [ 0.85250365  1.        ]]
```

```
[[ 1.          0.85250365]
 [ 0.85250365 1.         ]]
```

程序运行结果生成的是相关系数矩阵，两组随机变量的协方差虽然相差万倍，但经过标准化处理后，得到的相关系数却完全一样，这也从量化的角度证明了这两组随机变量的相关程度完全一致。

因此，请大家记住，比较随机变量之间的相关性，只看一个指标：相关系数（而不是协方差的取值），相关系数去除了不同量纲所带来的影响，相关系数的绝对值越大，随机变量之间的相关性就越强。

2.5.4 独立和相关性的关系

最后我们来讨论独立和相关这两个概念，分析一下两组随机变量独立和不相关是不是等价的概念。

首先，如果随机变量 X 和 Y 独立，那么它们是否一定不相关呢？

是否相关，要看协方差是否为 0。如果随机变量 X 和 Y 独立，则有 $E[XY] = E[X]E[Y]$，那么我们接着计算协方差：

$$
\begin{aligned}
\mathrm{cov}[X,Y] &= E\big[\big(X - E[X]\big)\big(Y - E[Y]\big)\big] \\
&= E\big[XY - XE[Y] - E[X]Y + E[X]E[Y]\big] \\
&= E[XY] - E[X]E[Y] - E[X]E[Y] + E[X]E[Y] \\
&= E[XY] - E[X]E[Y] = 0
\end{aligned}
$$

协方差为 0，满足不相关。

但反过来，如果随机变量相互之间满足协方差为 0，即不相关，一定能保证它们之间是独立的吗？

独立性意味着随机变量 X 出现与否，都不提供给随机变量 Y 取值概率额外的信息。

例如，我们观察图 2-24 中分布的 8 个点。

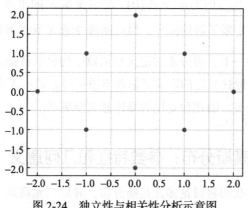

图 2-24 独立性与相关性分析示意图

计算一下随机变量 X 和 Y 的协方差，如代码清单 2-19 所示。

代码清单 2-19 计算随机变量 X 和 Y 的协方差

```
import numpy as np

X = [-2,-1,-1,0,0,1,1,2]
Y = [0,1,-1,2,-2,1,-1,0]

S = np.vstack((X, Y))
print(np.cov(S))
```

运行结果如下。

```
[[ 1.71428571  0.         ]
 [ 0.          1.71428571]]
```

我们计算了随机变量 X 和随机变量 Y 的协方差，发现结果为 0，按照定义，它们不相关。

但是独立性呢？我们来看条件概率：随机变量 $Y=0$ 的取值概率为

$P_Y(0) = \dfrac{1}{4}$，而附加随机变量 $X = 2$ 这个条件之后呢？

我们发现 $P_{Y|X}(0|2) = 1 \neq P_Y(0)$，随机变量 X 的出现，给随机变量 Y 的取值概率带来了新的信息，因此随机变量 X 和 Y 显然不独立。

仔细琢磨一下，协方差的定义是从数字的表示特征出发进行概况的，而随机变量独立性的定义更触及本质一些，即：X 的取值不会影响 Y 的条件分布，因此独立性的描述意义要更强。

2.6 多元高斯分布：参数特征和几何意义

这一节，我们将讨论多元高斯分布，并以二元高斯分布为例，详细分析它的参数特征以及对应的几何意义。

2.6.1 从一元分布到多元分布

本节我们从一元高斯分布过渡到多元高斯分布，如何理解多元高斯分布中的"多"呢？

对于服从一元高斯分布的一组样本 $X = (x_1, x_2, x_3, \cdots, x_N)$，我们知道其中每一个样本都是一个随机变量，更直白地说，就是一个随机的"数值"。

而到了多元高斯分布中，同样我们也有一组这样的样本 X，但是里面的每一个样本 x_i 不再是一个个随机变量，而是多维的随机向量，每一个样本都包含 p 维：

$$x = \begin{bmatrix} x_1 \\ x_2 \\ x_3 \\ \cdots \\ x_p \end{bmatrix}$$

假定有 N 个样本 (随机向量), 每一个样本包含 p 维, 那么可以集中将其对应的表示成矩阵的形式:

$$X = \begin{bmatrix} x_{11} & x_{12} & x_{13} & ... & x_{1p} \\ x_{21} & x_{22} & x_{23} & ... & x_{2p} \\ x_{31} & x_{32} & x_{33} & ... & x_{3p} \\ ... & ... & ... & ... & ... \\ x_{N1} & x_{N2} & x_{N3} & ... & x_{Np} \end{bmatrix}$$

如何来解释这个 N 行 p 列的样本矩阵呢?

矩阵 X 有 N 行, 代表了有 N 个样本, 而 p 列代表了每一个样本有 p 个特征, 或者说 p 个属性。举例来说, 这 N 个样本代表了某市的 N 个学生, p 个属性则可能是学生的身高、体重、考试成绩等各种值。

而一元高斯分布则是一种 $p=1$ 的特殊情况, 即每一个样本我们只关注它的一个属性。此时的样本也可以看作是一个列为 1 的特殊矩阵:

$$X = \begin{bmatrix} x_{11} \\ x_{21} \\ x_{31} \\ ... \\ x_{N1} \end{bmatrix}$$

2.6.2　多元高斯分布的参数形式

有了样本 X 的矩阵表示之后, 下面再介绍多元高斯分布的参数形式就会更清楚一些。

和一元高斯分布类似, 多元高斯分布的参数同样包含两个部分, 一个用来描述分布的均值, 另一个用来描述分布的方差。但是又有所不同。

首先，用来描述分布均值的 μ 不再是一个数值，而是一个和样本特征维度相对应的 p 维向量：

$$\mu = \begin{bmatrix} \mu_1 \\ \mu_2 \\ \mu_3 \\ \cdots \\ \mu_p \end{bmatrix}$$

向量 μ 中的每一维 μ_i 具体反映了分布中第 i 个特征的均值。

其次，反映方差的参数也不再是一个数值，而是一个 $p \times p$ 的协方差矩阵 Σ：

$$\Sigma = \begin{bmatrix} \sigma_{11} & \sigma_{12} & \sigma_{13} & \cdots & \sigma_{1p} \\ \sigma_{21} & \sigma_{22} & \sigma_{23} & \cdots & \sigma_{2p} \\ \sigma_{31} & \sigma_{32} & \sigma_{33} & \cdots & \sigma_{3p} \\ \cdots & \cdots & \cdots & & \cdots \\ \sigma_{p1} & \sigma_{p2} & \sigma_{p3} & \cdots & \sigma_{pp} \end{bmatrix}$$

我们仔细理解一下这个多元随机变量协方差矩阵 Σ 的细节，首先这个方阵对角线的值 σ_{ii} 表示的是分布中第 i 个特征属性的方差。而非对角线上的值 σ_{ij} 则表示分布中第 i 个特征属性和第 j 个特征属性的协方差，依据协方差的定义，它反映的是多元高斯分布中，第 i 个特征属性和第 j 个特征属性的相关性。

比较特殊的情况是，当协方差矩阵 Σ 是一个对角矩阵，即所有非对角位置上的值均为 0 时，该分布中不同特征属性之间都不具备相关性。

2.6.3　二元高斯分布的具体示例

本节我们以二元高斯分布为例，通过设置不同的均值向量和协方

差矩阵来直观地认识这两个参数对样本分布的影响，如代码清单 2-20
所示。

代码清单 2-20　不同均值向量和协方差对样本分布的影响

```
import numpy as np
import matplotlib.pyplot as plt

mean_1 = np.array([0, 0])
conv_1 = np.array([[1, 0],
                   [0, 1]])

mean_2 = np.array([0, -7])
conv_2 = np.array([[4, 0],
                   [0, 0.25]])

mean_3 = np.array([4, 4])
conv_3 = np.array([[4, -3],
                   [-3, 0.25]])

x_1, y_1 = np.random.multivariate_normal(mean=mean_1,
    cov=conv_1, size=2000).T
x_2, y_2 = np.random.multivariate_normal(mean=mean_2,
    cov=conv_2, size=2000).T
x_3, y_3 = np.random.multivariate_normal(mean=mean_3,
    cov=conv_3, size=2000).T

plt.plot(x_1, y_1, 'ro', alpha=0.05)
plt.plot(x_2, y_2, 'bo', alpha=0.05)
plt.plot(x_3, y_3, 'go', alpha=0.05)

plt.gca().axes.set_xlim(-10, 10)
plt.gca().axes.set_ylim(-10, 10)
plt.grid(ls='--')
plt.show()
```

运行结果如图 2-25 所示。

在代码中，我们设置了 3 个不同参数的二元高斯分布，它们整体上的分布呈椭圆形（或正圆形），但是由于设置的均值向量 μ 和协方差矩阵 Σ 不同，3 个分布呈现出不同的形态特点。

图 2-25 正中的二元高斯分布：$\mu = \begin{bmatrix} 0 \\ 0 \end{bmatrix}$，$\Sigma = \begin{bmatrix} 1 & 0 \\ 0 & 1 \end{bmatrix}$。

分布中包含两维特征属性，均值均为 0，方差均为 1，协方差为 0，因此整个分布的中心点为 $(0,0)$，两个维度的特征属性彼此不相关，分布形态为一个正圆。

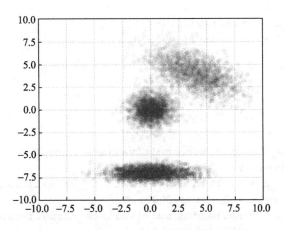

图 2-25　不同参数表示的二元高斯分布图示

图 2-25 下方的二元高斯分布：$\mu = \begin{bmatrix} 0 \\ -7 \end{bmatrix}$，$\Sigma = \begin{bmatrix} 4 & 0 \\ 0 & 0.25 \end{bmatrix}$。

分布中第二维特征属性的均值为 -7，因此整个分布的中心点位于 $(0,-7)$，协方差矩阵同样是一个对角矩阵，因此两维特征彼此无关，椭圆的长短轴和 x 轴、y 轴方向一致，没有倾斜。但是不同的是，第一维特征属性的方差明显大于第二维特征属性的方差，因此沿 x 轴方向的分布要更加分散一些。

图 2-25 上方的二元高斯分布：$\mu = \begin{bmatrix} 4 \\ 4 \end{bmatrix}$，$\Sigma = \begin{bmatrix} 4 & -3 \\ -3 & 0.25 \end{bmatrix}$。

分布中协方差矩阵不再是一个对角矩阵，两维特征属性呈负相关，因此整个分布呈现出来的图像是一个左上方倾斜的椭圆形。

2.6.4　多元高斯分布的几何特征

从上面的例子中我们可以感性地认识到，二元高斯分布整体上是一个椭圆形，那么如何从严格意义上来证明这一点呢？这一小节我们重点讨论这个问题。

假定 X 是一个 p 维的随机向量，服从 p 维高斯分布，它的两个参数分别是 p 维均值向量 μ 和 $p \times p$ 的协方差矩阵 Σ，我们先来看一下多元高斯分布的概率密度函数：

$$p(x \mid \theta) = \frac{1}{(2\pi)^{\frac{p}{2}} |\Sigma|^{\frac{1}{2}}} \exp\left[-\frac{1}{2}(x-\mu)^{\mathrm{T}} \Sigma^{-1}(x-\mu) \right]$$

我们发现，对于一个特定的样本 x_i，它的概率密度值其实取决于 $-\frac{1}{2}(x-\mu)^{\mathrm{T}} \Sigma^{-1}(x-\mu)$ 的取值。

协方差矩阵是半正定的对称矩阵，可以得到由一组标准正交特征向量构成的特征矩阵。即矩阵 Q 可以表示成 $\begin{bmatrix} q_1 & q_2 & \cdots & q_p \end{bmatrix}$。

协方差矩阵可以分解为 $\Sigma = Q \Lambda Q^{\mathrm{T}}$ 的形式，其中满足 $QQ^{\mathrm{T}} = I$，

而 $\Lambda = \begin{bmatrix} \lambda_1 & & & \\ & \lambda_2 & & \\ & & \cdots & \\ & & & \lambda_p \end{bmatrix}$。

因此协方差矩阵就可以写作:

$$\boldsymbol{\Sigma} = \begin{bmatrix} q_1 & q_2 & \cdots & q_p \end{bmatrix} \begin{bmatrix} \lambda_1 & & & \\ & \lambda_1 & & \\ & & \cdots & \\ & & & \lambda_p \end{bmatrix} \begin{bmatrix} q_1^T \\ q_2^T \\ \cdots \\ q_p^T \end{bmatrix} = \sum_{i=1}^{p} q_i \lambda_i q_i^T$$

进一步我们求得协方差矩阵 $\boldsymbol{\Sigma}$ 的逆: $\boldsymbol{\Sigma}^{-1} = (\boldsymbol{Q}\boldsymbol{\Lambda}\boldsymbol{Q}^T)^{-1} = (\boldsymbol{Q}^T)^{-1}\boldsymbol{\Lambda}^{-1}\boldsymbol{Q}^{-1} =$ $(\boldsymbol{Q}^{-1})^{-1}\boldsymbol{\Lambda}^{-1}\boldsymbol{Q}^{-1} = \boldsymbol{Q}\boldsymbol{\Lambda}^{-1}\boldsymbol{Q}^{-1}$。

其中, 对角矩阵 $\boldsymbol{\Lambda}^{-1} = \begin{bmatrix} \dfrac{1}{\lambda_1} & & & \\ & \dfrac{1}{\lambda_2} & & \\ & & \cdots & \\ & & & \dfrac{1}{\lambda_p} \end{bmatrix}$, 因此 $\boldsymbol{\Sigma}^{-1} = \sum_{i=1}^{p} q_i \dfrac{1}{\lambda_i} q_i^T$。

此时, 我们回到上面那个决定概率密度的表达式 $(x-\mu)^T \boldsymbol{\Sigma}^{-1}(x-\mu)$, 代入可得:

$$(x-\mu)^T \boldsymbol{\Sigma}^{-1}(x-\mu) = (x-\mu)^T \left(\sum_{i=1}^{p} q_i \frac{1}{\lambda_i} q_i^T \right)(x-\mu)$$

$$= \sum_{i=1}^{p} (x-\mu)^T q_i \frac{1}{\lambda_i} q_i^T (x-\mu)$$

对这个看似复杂的式子做一个变换和替代, 令 $y_i = (x-\mu)^T q_i$。

这是一个先平移、后投影的操作, 先让随机变量 X 整体按照均值向量 μ 进行平移, 也就是使得原点成为分布的中心点, 然后向单位向量 q_i 做一个投影。这其中, 很显然 y_1 是样本 x 在 q_1 方向上的投影长度,

而 y_2 则是样本 x 在 q_2 方向上的投影长度，q_1 和 q_2 是彼此正交的单位向量。

为了更方便地说明问题，我们令维度 $p=2$，等式就简化为：

$$\sum_{i=1}^{2}(x-\mu)^{\mathrm{T}}q_i\frac{1}{\lambda_i}q_i^{\mathrm{T}}(x-\mu)=y_1\frac{1}{\lambda_1}y_1^{\mathrm{T}}+y_2\frac{1}{\lambda_2}y_2^{\mathrm{T}}=\frac{y_1^2}{\lambda_1}+\frac{y_2^2}{\lambda_2}$$

最终的结论就是：只要 $\sum_{i=1}^{2}(x-\mu)^{\mathrm{T}}q_i\frac{1}{\lambda_i}q_i^{\mathrm{T}}(x-\mu)$ 也就是 $\frac{y_1^2}{\lambda_1}+\frac{y_2^2}{\lambda_2}$ 这个等式的值一固定，那么，整个二元高斯分布的概率密度函数的值就确定了。

这句话还是有些抽象，换句话说，就是使得 $\sum_{i=1}^{2}(x-\mu)^{\mathrm{T}}q_i\frac{1}{\lambda_i}q_i^{\mathrm{T}}(x-\mu)$ 等于某个具体的常数 c 的所有样本 x，出现的概率都一样。

再进一步等价为 $\frac{y_1^2}{\lambda_1}+\frac{y_2^2}{\lambda_2}$ 等于常数 c 的时候，样本出现的概率都是一样的。

$\frac{y_1^2}{\lambda_1}+\frac{y_2^2}{\lambda_2}=c$ 的几何含义是什么？为了看得更明白一些，我们先令 $c=1$，此时 $\frac{y_1^2}{\lambda_1}+\frac{y_2^2}{\lambda_2}=1$ 表示的不就是一个椭圆的方程吗？

只不过这个椭圆的长轴和短轴发生了变化，不再是我们印象当中的 x 轴和 y 轴，而是协方差矩阵经过特征值分解得到的两个标准正交的特征向量 q_1 和 q_2，它们构成了这个椭圆的长轴和短轴，而这个椭圆在两个轴上的长度就是 $\sqrt{\lambda_1}$ 和 $\sqrt{\lambda_2}$，而 y_1 和 y_2 就是原来 xoy 坐标系中的样本在 q_1 和 q_2 上的投影长度，也就是样本点以 q_1 和 q_2 为新坐标系的坐标值。

那么进一步我们再看, 对于式子 $\sum_{i=1}^{2}(x-\mu)^{\mathrm{T}}q_i\frac{1}{\lambda_i}q_i^{\mathrm{T}}(x-\mu)$, 每固定一个常数 c, 就相当于在平面上以 q_1 和 q_2 为轴, $\sqrt{c\lambda_1}$ 和 $\sqrt{c\lambda_2}$ 为轴长, 画一个椭圆, 而这个椭圆上所有的样本点出现的概率是相等的。

随着常数 c 不断增大, 也就是 $\sum_{i=1}^{2}(x-\mu)^{\mathrm{T}}q_i\frac{1}{\lambda_i}q_i^{\mathrm{T}}(x-\mu)$ 的取值不断增大, 椭圆也在不断增大, 而 $p(x|\theta)=\dfrac{1}{(2\pi)^{\frac{p}{2}}|\Sigma|^{\frac{1}{2}}}\exp\left[-\dfrac{1}{2}(x-\mu)^{\mathrm{T}}\Sigma^{-1}(x-\mu)\right]$ 的取值不断减小, 越大的椭圆上分布的样本概率越小。

2.6.5 二元高斯分布几何特征实例分析

我们结合下面这个例子, 把 2.6.4 节的分析过程总结一下, 以二元高斯分布为例, 分布的参数: $\mu=\begin{bmatrix}20\\-20\end{bmatrix}$, $\Sigma=\begin{bmatrix}34 & 12\\12 & 41\end{bmatrix}$。

我们参考代码清单 2-21 和运行结果来总结 2.6.4 节的分析过程。

代码清单 2-21 实例验证二元高斯分布参数的几何意义

```
import numpy as np
import matplotlib.pyplot as plt
from scipy import linalg

mean_1 = np.array([0, 0])
mean_2 = np.array([20, -20])
conv = np.array([[34, 12],
                 [12, 41]])
```

```
x_1, y_1 = np.random.multivariate_normal(mean=mean_1,
    cov=conv, size=4000).T
x_2, y_2 = np.random.multivariate_normal(mean=mean_2,
    cov=conv, size=4000).T
plt.plot(x_1, y_1, 'ro', alpha=0.05)
plt.plot(x_2, y_2, 'bo', alpha=0.05)
plt.gca().axes.set_xlim(-20, 40)
plt.gca().axes.set_ylim(-40, 20)
evalue, evector = linalg.eig(conv)
print(evalue)
print(evector)
plt.grid(ls='--')
plt.show()
```

运行结果如图 2-26 所示。

```
[25.+0.j 50.+0.j]

[[-0.8 -0.6]
 [ 0.6 -0.8]]
```

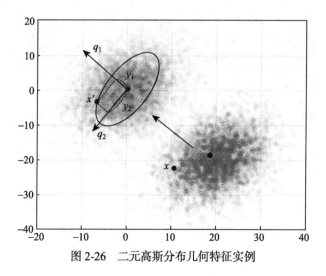

图 2-26 二元高斯分布几何特征实例

在图 2-26 中，右下角为原始的二维高斯分布的样本点，样本减去

均值向量 $\boldsymbol{\mu} = \begin{bmatrix} 20 \\ -20 \end{bmatrix}$ 之后，整体平移至左上方的分布区域。

我们对协方差矩阵 $\boldsymbol{\Sigma} = \begin{bmatrix} 34 & 12 \\ 12 & 41 \end{bmatrix}$ 进行特征值分解，得到特征向量：

$\boldsymbol{q}_1 = \begin{bmatrix} -0.8 \\ 0.6 \end{bmatrix}$ 和 $\boldsymbol{q}_2 = \begin{bmatrix} -0.6 \\ -0.8 \end{bmatrix}$。它们分别对应特征值：$\lambda_1 = 25$，$\lambda_2 = 50$。

这意味着在平移后的左上方分布区域中，拥有无数个以 $\begin{bmatrix} 0 \\ 0 \end{bmatrix}$ 为中

心，q_1 和 q_2 为轴的同心椭圆，椭圆的长轴短轴之比为 $\dfrac{\sqrt{50}}{\sqrt{25}}$，每个椭圆

上的样本存在的概率相等，椭圆越大，样本存在的概率越小，我们从图 2-26 中图像由里到外颜色由深变浅就能很好地看出来。

第 3 章

参数估计：探寻最大可能

这一章将重点介绍参数估计的有关内容。我们首先从大数定律和中心极限定理切入，介绍在概率统计中利用大量样本逼近总体的极限思维，并展示大数定律的经典应用：蒙特卡罗方法。在这一思想方法的基础上，我们将继续学习参数估计的具体方法。本章将依次重点分析参数估计中的基本概念和无偏估计等关键问题，随后通过案例剖析极大似然估计方法这一参数估计的重要工具。本章的后半部分将进一步向读者介绍更为复杂的含有隐变量的参数估计问题，帮助读者感性地认识和理解迭代求解的数值方法，并重点分析 EM 算法的合理性和有效性，最后利用 EM 算法实际解决高斯混合模型的参数估计问题。

3.1 极限思维：大数定律与中心极限定理

这一节，我们将学习大数定律和中心极限定理，并通过模拟试验建立关于理论的直观印象，同时介绍大数定律的典型应用：蒙特卡洛方法。

3.1.1 一个背景话题

本节我们来学习概率统计当中的极限思维，先从一个非常熟悉的场景切入。

比如，我们想获得本省 15 岁男生的平均身高，该怎么做？显然我们不会也不可能真的去统计全省所有 15 岁男生的身高，然后再求平均值，这样做不现实。因此，我们会去找一些样本，也就是找一部分本省 15 岁的男生，取他们身高的平均值，用这个样本的平均值去近似估计本省所有 15 岁男生的平均身高。

没错，一般都是这样处理的。那接下来我再问一个问题，100 个样本取得的平均值和 1000 个样本取得的平均值，哪一个更有可能接近真实的全省 15 岁男生的平均身高（也就是期望）呢？你会说应该是1000 个吧，毕竟样本数量多，上下偏差相互抵消，应该会更接近一些。你的直觉没有错。

在数据分析的应用中，经常会有类似的应用场景，我们需要分析一类对象，通常情况下要获取它的关键参数，就比如上面所提到的全体 15 岁男生身高的均值，但是现实中我们不可能去穷尽全部的研究对象，只能取得一部分的样本，通过计算这部分样本的参数值去近似估计总体的目标参数，样本数量越大，近似效果越好。

这里的理论依据就是我们下面要详细讲解的大数定律，大数定律是一个非常底层的基础性原理，许多机器学习理论和算法实际上都建立在这个基础之上。我们常常是理所当然的感受它的存在，很少仔细想过背后的原理。那么通过下面内容，我们来深入透彻地理解大数定律、中心极限定理背后的极限思想，另一方面也为机器学习的后续内容——参数估计打下一个良好的基础。

3.1.2　大数定律

下面我们开始正式进入大数定律的内容。

有如下随机变量：$X_1, X_2, \cdots, X_n$，它们彼此之间满足独立同分布，因此它们拥有相同的均值 μ 和方差 σ^2。

此时，我们重点来研究这一组随机变量的均值：$M_n =$

$\dfrac{X_1 + X_2 + \cdots + X_n}{n}$，显然 M_n 也是一个随机变量。那么，M_n 的期望和方差就是我们关注的重点。

首先，从期望的定义入手，来观察一下随机变量 M_n 的期望 $E[M_n]$：

$$
\begin{aligned}
E[M_n] &= E\left[\frac{X_1 + X_2 + \cdots + X_n}{n}\right] \\
&= \frac{1}{n}\left(E[X_1] + E[X_2] + \cdots + E[X_n]\right) \\
&= \frac{1}{n} \times n \times \mu = \mu = E[X_i]
\end{aligned}
$$

不难发现，一组独立同分布随机变量均值的期望等于随机变量的期望，这个结论很直观。

下面我们再来看看 M_n 的方差 $\text{var}[M_n]$：

$$
\begin{aligned}
\text{var}[M_n] &= \text{var}\left[\frac{X_1 + X_2 + \cdots + X_n}{n}\right] = \frac{1}{n^2}\text{var}[X_1 + X_2 + \cdots + X_n] \\
&= \frac{1}{n^2}\left(\text{var}[X_1] + \text{var}[X_2] + \cdots + \text{var}[X_n]\right) = \frac{1}{n^2} \times n \times \sigma^2 = \frac{\sigma^2}{n}
\end{aligned}
$$

从推导中发现，n 个独立同分布随机变量均值的方差，是单一随机变量方差的 $\dfrac{1}{n}$。均值的方差变小了，并且随机变量 X 的个数 n 越多，方差就越小，它们的分布更加紧密地围绕在期望的周围。

特别地，当 $n \to \infty$ 时，随机变量均值的方差趋近于 0：$\text{var}[M_n] = \dfrac{\sigma^2}{n} \to 0$。

结合以上推导和论述，我们可以得出如下结论。

独立同分布的随机变量 $X_1, X_2, \cdots, X_n$，它们的均值 M_n 的分布会更加接近于实际分布的均值 μ，随着样本量 n 的增大，逐渐收敛于 μ，当 $n \to \infty$，也就是样本量非常大的时候，通过抽样样本计算得到的平均值就是 $E[X]$。

在大样本的情况下，独立同分布的随机变量序列的样本均值以很大的概率与随机变量的均值非常接近。这也就是为什么说，当独立同分布的样本数量 n 充分大时，样本均值（频率）是概率 P 的一个非常好的估计。

回到 3.1.1 节提到的那个小问题——样本数量到底是选 100 还是选 1000，相信大家都会有明确的理论支撑了。

3.1.3　大数定律的模拟

下面我们来实际模拟一下大数定律。

如代码清单 3-1 所示，在第一个模拟案例中，我们给大家一个感性的认识：生成 3 组各 15 000 个服从参数为 $(10, 0.4)$ 的二项分布随机变量，随机变量的期望为 $n \times p = 4$，然后观察随着样本数目的增大，样本均值和实际分布期望之间的关系。

代码清单 3-1　大数定律的模拟案例一

```
import numpy as np
from scipy.stats import binom
import matplotlib.pyplot as plt


n = 10
p = 0.4
sample_size = 15000
expected_value = n*p
N_samples = range(1, sample_size, 10)

for k in range(3):
```

```
    binom_rv = binom(n=n, p=p)
    X = binom_rv.rvs(size=sample_size)
    sample_average = [X[:i].mean() for i in N_samples]
    plt.plot(N_samples, sample_average,
            label='average of sample {}'.format(k))

plt.plot(N_samples, expected_value * np.ones_like
        (sample_average), ls='--', label='true expected
            value:n*p={}'.format(n*p), c='k')

plt.legend()
plt.grid(ls='--')
plt.show()
```

运行结果如图 3-1 所示。

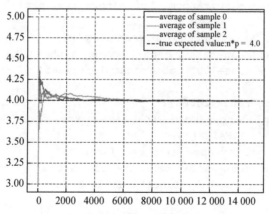

图 3-1　大数定律案例—模拟效果示意图

　　我们设置了 3 个相同的试验组，从试验结果中可以发现，在每一组试验中，随着样本数量逐渐增大，样本均值都会越来越收敛于随机变量的期望。

　　接下来我们再来看第二个模拟大数定律的案例，从大数定律的定义出发，先生成 1 000 000 个服从均值为 0、标准差为 20 的正态分布

的样本。依次进行 3 种不同的处理，并观察对应的 3 组分布图像，如
代码清单 3-2 所示。

代码清单 3-2   大数定律的模拟案例二

```python
import numpy as np
import matplotlib.pyplot as plt
from scipy.stats import norm

norm_rvs = norm(loc=0, scale=20).rvs(size=1000000)
plt.hist(norm_rvs, density=True, alpha=0.3, color='b',
         bins=100, label='original')

mean_array = []
for i in range(10000):
    sample = np.random.choice(norm_rvs, size=5, replace=
            False)
    mean_array.append(np.mean(sample))
plt.hist(mean_array, density=True, alpha=0.3, color='r',
         bins=100, label='sample size=5')

for i in range(10000):
    sample = np.random.choice(norm_rvs, size=50, replace=
            False)
    mean_array.append(np.mean(sample))
plt.hist(mean_array, density=True, alpha=0.3, color='g',
         bins=100, label='sample size=50')

plt.gca().axes.set_xlim(-60, 60)
plt.legend(loc='best')
plt.grid(ls='--')
plt.show()
```

运行结果如图 3-2 所示。

这个程序采样的规模比较大，可能运行的时间会比较长。

图像 1：原始正态分布的样本分布图像，分布呈现的高度最矮。

图像 2：从 1 000 000 个原始正态分布样本中，每次随机选取 5 个数，计算它们的均值，重复操作 10 000 次，观察这 10 000 个均值的分布，分布呈现的高度次之。

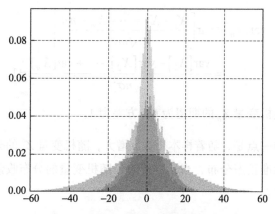

图 3-2 大数定律案例二模拟效果示意图

图像 3：从 1 000 000 个原始正态分布样本中，每次随机选取 50 个数，计算它们的均值，重复操作 10 000 次，观察这 10 000 个均值的分布，分布呈现的高度最高。

从图 3-2 中我们发现，随着每次选取的样本数量的增多，样本均值分布的图像越来越向期望集中，再一次佐证了大数定律。

3.1.4 中心极限定理

下面我们来看另外一个现象，还是获取随机变量 $X_1, X_2, \cdots, X_n$，这 n 个随机变量满足独立同分布，均值为 μ、方差为 σ^2。

我们在这组随机变量的基础之上得到一个新的随机变量：

$$Z_n = \frac{X_1 + X_2 + X_3 + \cdots + X_n - n\mu}{\sqrt{n}\sigma}$$

针对随机变量 Z_n，很容易计算得出：

$$E[Z_n] = E\left[\frac{X_1 + X_2 + \cdots + X_n - n\mu}{\sqrt{n}\sigma}\right] = \frac{E[X_1 + X_2 + \cdots + X_n] - n\mu}{\sqrt{n}\sigma} = 0$$

$$\begin{aligned} \mathrm{var}[Z_n] &= \mathrm{var}\left[\frac{X_1 + X_2 + \cdots + X_n - n\mu}{\sqrt{n}\sigma}\right] \\ &= \frac{\mathrm{var}[X_1] + \mathrm{var}[X_2] + \cdots + \mathrm{var}[X_n]}{n\sigma^2} = 1 \end{aligned}$$

即，随机变量 Z_n 的期望为 0，方差为 1。

关键的一点是，随着样本个数 n 增大，随机变量 Z_n 的分布逐渐趋向于一个标准正态分布，当 $n \to \infty$ 时，随机变量的分布收敛于一个标准正态分布。

更为重要的一点是，这个定理对随机变量 X 的原始分布没有任何要求，非常具有一般性。

3.1.5 中心极限定理的工程意义

实际上，中心极限定理中的随机变量 $Z_n = \dfrac{X_1 + X_2 + X_3 + \cdots + X_n - n\mu}{\sqrt{n}\sigma}$ 是经过标准化处理的，如果只考虑 n 个随机变量的和，我们很容易得到 $S_n = X_1 + X_2 + \cdots + X_n$ 的分布趋近于一个均值为 $n\mu$，方差为 $n\sigma^2$ 的正态分布。

中心极限定理的意义在于：大量样本独立随机因素的叠加趋近于一个正态分布，这一点在很多工程领域很常见也很关键。

更重要的一点是，中心极限定理不需要我们深究随机变量 X 的分布列或者概率密度函数，这往往是非常复杂的，甚至根本就无从得知，我们只需要知道均值和方差就可以进行后续的处理和分析。

3.1.6 中心极限定理的模拟

下面我们通过一个例子，模拟验证一下中心极限定理。从一个服从参数 $p=0.3$ 的几何分布中进行采样，共分 3 组试验，每次分别采样 2 个、5 个、50 个样本，各重复 100 000 次，然后按照 $Z_n = \dfrac{X_1 + X_2 + X_3 + \cdots + X_n - n\mu}{\sqrt{n}\sigma}$ 进行标准化，得到 3 组试验对应的结果，最后对试验结果进行可视化观察，如代码清单 3-3 所示。

代码清单 3-3　中心极限定理的模拟案例

```
import numpy as np
from scipy.stats import geom
import matplotlib.pyplot as plt

fig, ax = plt.subplots(2, 2)

geom_rv = geom(p=0.3)
geom_rvs = geom_rv.rvs(size=1000000)
mean, var, skew, kurt = geom_rv.stats(moments='mvsk')
ax[0, 0].hist(geom_rvs, bins=100, density=True)
ax[0, 0].set_title('geom distribution:p=0.3')
ax[0, 0].grid(ls='--')
n_array = [0, 2, 5, 50]

for i in range(1, 4):
    Z_array = []
    n = n_array[i]
    for j in range(100000):
        sample = np.random.choice(geom_rvs, n)
        Z_array.append((sum(sample) - n * mean) / np.sqrt
                       (n * var))
    ax[i // 2, i % 2].hist(Z_array, bins=100, density=True)
    ax[i // 2, i % 2].set_title('n={}'.format(n))
    ax[i // 2, i % 2].set_xlim(-3, 3)
    ax[i // 2, i % 2].grid(ls='--')

plt.show()
```

运行结果如图 3-3 所示。

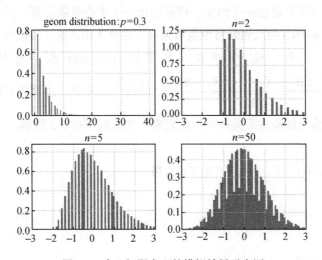

图 3-3 中心极限定理的模拟效果示意图

图 3-3 左上是几何分布的原始图像,我们发现,随着单次采样个数逐渐增加,随机变量 $Z_n = \dfrac{X_1 + X_2 + X_3 + \cdots + X_n - n\mu}{\sqrt{n}\sigma}$ 的分布图像越来越趋近于一个标准正态分布。

3.1.7　大数定律的应用:蒙特卡罗方法

用大样本数据计算出来的频率去估计概率,就是大数定律的本质,而大数定律思想的一个非常典型的应用就是蒙特卡罗方法。

蒙特卡罗方法,又名统计模拟方法,名字很洋气,方法很简单直接,但是真的非常管用。它使用随机数进行场景模拟和过程仿真,其核心思想就是通过模拟出来的大量样本集或者随机过程去近似我们想要研究的实际问题对象,这是一类非常重要的数值计算方法。以下是蒙特卡罗方法的几类典型应用。

1）近似计算不规则面积、体积、积分。

2）模拟随机过程，预测随机过程可能结果的区间范围。

3）利用马尔可夫链–蒙特卡罗方法（MCMC）进行未知参数的统计推断。

要知道，蒙特卡罗方法不仅是一种方法技巧，更是一种思考问题的方式。这一小节，我们先介绍第一类应用，帮助大家进一步理解大数定律的原理和蒙特卡罗方法的要点。第二类和第三类应用会在后面的第 4 章和第 5 章依次介绍。

蒙特卡罗方法可以近似计算不规则图形的面积，对于那些难以用解析方法计算的图像非常有效。

这里，我们利用蒙特卡罗方法来近似计算一个圆的面积，然后估计出 π 的近似值，如代码清单 3-4 所示。选择圆作为例子的原因不是圆无法通过解析法进行计算，而是因为大家对它的面积计算方法比较熟悉，方便我们进行结果对比。

代码清单 3-4　用蒙特卡罗方法来估算圆面积和 π

```
import numpy as np
import matplotlib.pyplot as plt
from matplotlib.patches import Circle
from scipy.stats import uniform

n = 100000
r = 1.0
o_x, o_y = (0., 0.)

uniform_x = uniform(o_x-r,2*r).rvs(n)
uniform_y = uniform(o_y-r,2*r).rvs(n)

d_array = np.sqrt((uniform_x - o_x) ** 2 +
        (uniform_y - o_y) ** 2)
res = sum(np.where(d_array < r, 1, 0))
```

```
pi = (res / n) /(r**2) * (2*r)**2

fig, ax = plt.subplots(1, 1)
ax.plot(uniform_x, uniform_y, 'ro', alpha=0.2,
        markersize=0.3)
plt.axis('equal')
circle = Circle(xy=(o_x, o_y), radius=r, alpha=0.5)
ax.add_patch(circle)

print('pi={}'.format(pi))
plt.grid(ls='--')
plt.show()
```

运行结果如图 3-4 所示。

```
pi=3.14096
```

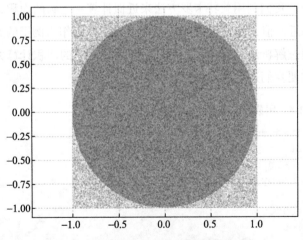

图 3-4   用蒙特卡罗方法近似计算圆面积

我们结合图 3-4，详细分析一下这段程序。

近似计算的目标就是求图中这个半径 $r=1$ 的单位圆面积，而这个单位圆的外接正方形的边长 $l=2r=2$，因此，外接正方形的面积为 4。我们生成 100 000 个在外接正方形内均匀分布的点，均匀地撒下去，这里面的核心原理就是：

$$\frac{圆形面积}{正方形面积} \approx \frac{圆内点的个数}{点的总个数}$$

这样就可以估算出单位圆的面积了。

为了估算 π，我们回到这个例子中的参数，可以得到如下公式：

$$\frac{\pi r^2}{(2r)^2} \approx \frac{圆内点的个数}{点的总个数} \Rightarrow \pi \approx 4 \times \frac{圆内点的个数}{点的总个数}$$

大数定律告诉我们，随着样本数量的增大，用这种方式模拟出来的 π 值会越来越趋近于真实值，样本无穷大的时候收敛于真值。这就证明了应用大数定律的蒙特卡罗方法的合理性和有效性。

至于怎么判定一个点是否位于圆当中，这里用到的是距离法，也就是计算每个点到原点的距离，如果小于等于半径，就说明这个点在圆内。

3.2　推断未知：统计推断的基本框架

这一节我们将介绍统计推断中的一些基本概念，并结合总体均值和总体方差的估计过程，重点分析估计量的偏差和无偏估计的相关问题。

3.2.1　进入统计学

统计学使用概率论的基本思想方法，研究怎样通过试验收集带有随机误差的样本数据，并在设定的统计模型之下，进行后续的研究工作，统计学的研究工作主要分为两大类。

第一类是对已有的样本数据进行分析，计算统计特征，比如样本均值、方差等，这属于描述统计的范畴。

第二类是通过已有的样本数据，对未知的总体进行推断，估计出总体当中我们感兴趣的未知参数值，即统计推断的工作，这是我们这一节重点关注的内容。

我们为什么需要关注统计推断的方法呢？因为通常情况下，需要通过获取数据来对一个未知的对象进行分析，但在实际场景中，我们通常只能获取一部分数据。统计推断研究的就是通过部分样本数据来推断总体统计特征。

上面描述当中，出现了很多的术语和概念，我们举一个统计推断的例子帮助大家理解。

3.2.2 统计推断的例子

有一家生产元器件的企业，生产的元器件的使用寿命服从指数分布，那么我们如何估计这些元器件的平均使用寿命呢？如果我们知道这个指数分布的参数 λ 的值，就可以马上回答这个问题：平均使用寿命 $=\frac{1}{\lambda}$。但是现实往往没这么容易，我们在实际应用中根本就不可能知道 λ 的值。

于是，我们只好从工厂生产的所有元器件当中随机抽取 n 个元器件，测出其使用寿命分别为 $X_1, X_2, X_3, \cdots, X_n$。注意此处有一个重要的前提，那就是我们需要保证这一大批元器件当中，每一个元器件被抽取的概率是均等的。

这时候，当我们有了数据 $X_1, X_2, X_3, \cdots, X_n$ 之后，一个自然而然的想法就是：通过计算，用这些样本数据的平均值 $\bar{X} = \dfrac{X_1 + X_2 + X_3 + \cdots + X_n}{n}$ 作为所有元器件未知平均寿命 $\frac{1}{\lambda}$ 的一个估计值。当然，$\bar{X}$ 大概率不等于 $\frac{1}{\lambda}$。不过请不要担心，在实际工程当中，本来也不可能要求它们做到完全相等，只要满足一些性质和要求就可以了，那么具体应该满足什么要求，我们下面接着慢慢讲。

3.2.3 统计推断中的一些重要概念

3.2.2 节描述的是统计推断中一个简单的参数估计问题，因为 λ 是元器件寿命这个指数分布中的一个未知参数，而我们的目标是要估计由参数 λ 决定的一个量，即 $\frac{1}{\lambda}$，所以也可以把估计的目标改为要求估计参数 λ 本身，然后再用参数 λ 的估计值计算所有元器件的平均使用寿命，即：平均使用寿命 $= \frac{1}{\lambda}$。

下面，我们结合例子介绍总体、样本的具体概念。

总体是指与所研究问题有关的对象全体构成的集合。在上面的例子当中，企业生产的所有元器件就是问题的总体，而其中每个元器件就是个体，所有这些个体构成了问题的总体。

元器件总体使用寿命分布为指数分布，总体分布的概率模型不同，分析的方法也就不同，总体分布为指数分布时，被称为指数分布总体，同样地，总体分布为正态分布时，就被称为正态分布总体。

有了总体的概念，我们再来看看样本的概念。样本是按照一定的规定，从总体中抽取出来的一部分个体，所谓"按照一定的规定"，是指总体中的每一个个体拥有同等的被抽取的机会。

样本 $X_1, X_2, X_3, \cdots, X_n$ 中的 n 是指样本大小或样本容量，我们也可以把 $X_1, X_2, X_3, \cdots, X_n$ 称为一组样本，而 X_i 就是其中的第 i 个样本。

一般而言，如果总体包含了大量甚至无限多个个体，抽掉 1 个或 n 个个体，对总体分布的影响可以忽略不计，因此样本 $X_1, X_2, X_3, \cdots, X_n$ 是独立同分布的，它们的公共分布就是总体分布，这是应用中最为常见的一种情形，也是我们主要的研究目标。但是当总体所含的个体数目不太大时，情况就不同了。放回式抽样还是不放回抽样也要作为一个要素加入统计模型。

总结一下，在无限（或样本量极大）总体或者有限总体而抽样有放回的情况下，总体分布完全决定了样本的分布。

接下来我们再看统计量的概念，完全由样本决定的量叫作统计量，这意味着，统计量只依赖于样本，不依赖任何其他未知的量，尤其是不能依赖于总体分布中包含的未知参数。

很拗口吧？我们还是通过一个例子进行理解。假设我们从正态总体 $N(\mu,\sigma^2)$ 中抽取样本 $X_1, X_2, \cdots, X_n$，那么样本均值 $\bar{X} = \dfrac{X_1 + X_2 + \cdots + X_n}{n}$ 就是一个统计量，因为它完全由样本 $X_1, X_2, \cdots, X_n$ 决定。但是如果式子中包含了 μ 或者 σ，类似于 $\bar{X} - \mu$ 就不是统计量了，因为 μ 是总体的未知参数，$\bar{X} - \mu$ 并不完全由样本所决定。

这里面的道理很简单，统计量可以看作是对样本的一种加工，它把样本所含的信息集中起来，目的是用来估计总体当中的未知参数，如果此时统计量当中还包含了未知参数，显然就失去了意义。

一般而言，我们会使用样本均值 $\bar{X} = \dfrac{X_1 + X_2 + \cdots + X_n}{n}$ 作为总体均值的估计。

如果想了解总体方差 σ^2 的情况，统计量 $\bar{X}$ 就派不上用场了，应该使用样本方差 $S^2 = \dfrac{1}{n-1} \sum_{i=1}^{n} (X_i - \bar{X})^2$ 作为总体方差 σ^2 的估计。

3.2.4 估计量的偏差与无偏估计

其实到这里，大家应该会产生疑问，为什么样本均值是

$\overline{X} = \dfrac{X_1 + X_2 + \cdots + X_n}{n}$ ，而作为总体方差估计量的样本方差使用的却

是 $S^2 = \dfrac{1}{n-1}\sum\limits_{i=1}^{n}(X_i - \overline{X})^2$ ，为什么是除以 $n-1$ ，而不是除以 n ？

这就涉及估计的无偏性问题了，我们先不介绍无偏性的定义和概念，先看一个小实验。

3.2.5 总体均值的估计

接下来我们做一个小实验，从均值为 0、标准差为 1 的标准正态分布中获取样本，每次获取 100 个样本值，然后按照 $\overline{X} = \dfrac{X_1 + X_2 + \cdots + X_n}{n}$ 计算统计量，重复实验 100 万次，把 100 万次得到的统计量绘制成直方图，观察它们的分布。同时计算这 100 万个估计量的均值（按照大数定理可以认为这个均值就是期望了），并与待估计量，也就是真实的总体均值进行比较，如代码清单 3-5 所示。

代码清单 3-5 总体均值的估计

```
from scipy.stats import norm
import matplotlib.pyplot as plt
import numpy as np

norm_rv = norm(loc=0, scale=1)
x = np.linspace(-1, 1, 1000)

sample_n = 100
x_array = []
for i in range(1000000):
    norm_rvs = norm_rv.rvs(size=sample_n)
    x_bar = sum(norm_rvs) / float(sample_n)
    x_array.append(x_bar)

print(np.mean(x_array))
plt.hist(x_array, bins=100, density=True, alpha=0.3,
```

```
            edgecolor='k')
plt.axvline(0, ymax=0.8, color='r')
plt.gca().axes.set_xlim(-0.4, 0.4)
plt.grid(ls='--')
plt.show()
```

运行结果如图 3-5 所示。

```
8.422755440900372e-06
```

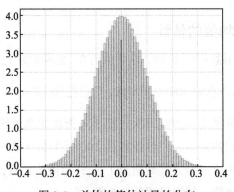

图 3-5　总体均值估计量的分布

很显然，作为估计值的随机样本统计量（在这个例子中就是 100 个个体的样本均值）肯定不可能和未知参数（总体的均值 μ）完全相等，它们之间一定存在非零的估计误差。

但是，一个好的估计量应该具备这样的性质：估计误差的期望为 0。换句话说，也就是估计值的期望等于被估计的未知参数的真值。这个性质叫作无偏性，这样的估计值被称作无偏的。

可以看出 $\bar{X} = \dfrac{X_1 + X_2 + \cdots + X_n}{n}$ 是对总体均值的一个很好的估计，因为它均匀分布在待估计参数真实值的周围，并且最为关键的是，它的期望(近似计算出的均值 8.422 755 440 900 372e-06≈0)就是总体的均值，因此样本均值 $\bar{X} = \dfrac{X_1 + X_2 + \cdots + X_n}{n}$ 就是总体均值的无偏估计。

证明过程也很简单:

$$E[\overline{X}] = E\left[\frac{X_1 + X_2 + \cdots + X_n}{n}\right] = \frac{1}{n}\big(E[X_1] + E[X_2] + \cdots + E[X_n]\big)$$

$$= \frac{1}{n}(n\mu) = \mu$$

3.2.6　总体方差的估计

我们再来看, 把 $\frac{1}{n}\sum_{i=1}^{n}(X_i - \overline{X})^2$ 作为总体方差的估计, 到底合不合适。

同样地, 我们还是从均值为 0, 标准差为 1 的标准正态分布中获取样本, 每次获取 100 个样本值, 然后按照 $\frac{1}{n}\sum_{i=1}^{n}(X_i - \overline{X})^2$ 来计算统计量, 我们重复实验 100 万次, 把得到的统计量绘制成直方图, 观察它们的分布, 并与真实的总体方差进行比较, 如代码清单 3-6 所示。

代码清单 3-6　总体方差的估计

```
from scipy.stats import norm
import matplotlib.pyplot as plt
import numpy as np

norm_rv = norm(loc=0, scale=1)
x = np.linspace(0, 2, 1000)

sample_n = 100
s_array = []
for i in range(1000000):
    norm_rvs = norm_rv.rvs(size=sample_n)
    x_bar = sum(norm_rvs) / float(sample_n)
    s = sum(np.square((norm_rvs - x_bar))) / 
        float(sample_n)
    s_array.append(s)
```

```
print(np.mean(s_array))
plt.hist(s_array, bins=100, density=True, alpha=0.3,
         edgecolor='k')
plt.axvline(1, ymax=0.8, color='r')
plt.gca().axes.set_xlim(0.4, 1.6)
plt.grid(ls='--')
plt.show()
```

运行结果如图 3-6 所示。

0.989923522772342

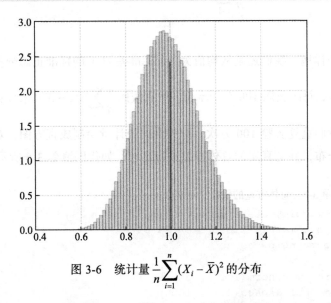

图 3-6   统计量 $\dfrac{1}{n}\sum_{i=1}^{n}(X_i-\bar{X})^2$ 的分布

总体方差的真实值是 1，而样本统计量的期望为 0.9899，是明显小于方差真实值的。并且更重要，也更直接的是，从图 3-6 可以看出这 100 万个统计结果的分布是整体偏左的，也就是整体偏小的。

这意味着 $\dfrac{1}{n}\sum_{i=1}^{n}(X_i-\bar{X})^2$ 作为总体方差的估计是带有系统误差的，并不是一个无偏估计，而是有偏的。

那么这个系统偏差是多大呢？如何调整才能得到总体方差的无偏估计呢？我们下面来进行严密的推理证明。

$$\frac{1}{n}\sum_{i=1}^{n}(X_i - \bar{X})^2 = \frac{1}{n}\sum_{i=1}^{n}\left(X_i^2 + \bar{X}^2 - 2X_i\bar{X}\right)$$

$$= \frac{1}{n}\sum_{i=1}^{n}X_i^2 + \frac{1}{n}\sum_{i=1}^{n}\bar{X}^2 - \frac{1}{n}\sum_{i=1}^{n}2X_i\bar{X}$$

$$= \frac{1}{n}\sum_{i=1}^{n}X_i^2 + \frac{1}{n}\sum_{i=1}^{n}\bar{X}^2 - 2\bar{X}\frac{1}{n}\sum_{i=1}^{n}X_i$$

我们发现最后一项中的 $\frac{1}{n}\sum_{i=1}^{n}X_i$ 就是总体均值 $\bar{X}$ ，稍作代换就有：

$$\frac{1}{n}\sum_{i=1}^{n}X_i^2 + \frac{1}{n}\sum_{i=1}^{n}\bar{X}^2 - 2\bar{X}\frac{1}{n}\sum_{i=1}^{n}X_i = \frac{1}{n}\sum_{i=1}^{n}X_i^2 + \bar{X}^2 - 2\bar{X}^2$$

$$= \frac{1}{n}\sum_{i=1}^{n}X_i^2 - \bar{X}^2$$

因此，最开始的计算目标 $E\left[\dfrac{1}{n}\sum_{i=1}^{n}(X_i - \bar{X})^2\right]$ 就等效转换为求取期

望 $E\left[\dfrac{1}{n}\sum_{i=1}^{n}X_i^2 - \bar{X}^2\right]$。

求取这个期望有一定的技巧，我们引入模型均值的真实值 μ ：

$$E\left[\frac{1}{n}\sum_{i=1}^{n}X_i^2 - \bar{X}^2\right] = E\left[\frac{1}{n}\sum_{i=1}^{n}X_i^2 - \mu^2 - \left(\bar{X}^2 - \mu^2\right)\right]$$

$$= E\left[\frac{1}{n}\sum_{i=1}^{n}X_i^2 - \mu^2\right] - E[\bar{X}^2 - \mu^2]$$

分开来看前后这两个期望的式子，首先看 $E\left[\dfrac{1}{n}\sum\limits_{i=1}^{n}X_i^2-\mu^2\right]$:

$$E\left[\frac{1}{n}\sum_{i=1}^{n}X_i^2-\mu^2\right]=E\left[\frac{1}{n}\sum_{i=1}^{n}X_i^2-\frac{1}{n}\sum_{i=1}^{n}\mu^2\right]=\frac{1}{n}E\left[\sum_{i=1}^{n}\left(X_i^2-\mu^2\right)\right]$$

$$=\frac{1}{n}\sum_{i=1}^{n}E[X_i^2-\mu^2]$$

这个式子有何端倪？仔细观察一下变换后的形式:

$$E[X_i^2-\mu^2]=E[X_i^2]-\mu^2=E[X_i^2]-E[X_i]^2=\mathrm{var}(X_i)=\sigma^2$$

经过变换，发现 $E[X_i^2]-E[X_i]^2$ 就是方差的定义，因此 $E\left[X_i^2-\mu^2\right]$ 表示的就是方差的实际值 σ^2，前面一部分期望的结果就是

$$E\left[\frac{1}{n}\sum_{i=1}^{n}X_i^2-\mu^2\right]=\frac{1}{n}\sum_{i=1}^{n}E[X_i^2-\mu^2]=\frac{1}{n}\sum_{i=1}^{n}\sigma^2=\sigma^2$$

我们再看后半部分: $E\left[\bar{X}^2-\mu^2\right]$，对于这一部分的处理，也有颇多技巧:

$$E[\bar{X}^2-\mu^2]=E[\bar{X}^2]-E[\mu^2]=E[\bar{X}^2]-\mu^2$$

之前说过，由于样本均值 $\bar{X}=\dfrac{X_1+X_2+\cdots+X_n}{n}$ 是总体真实均值 μ 的无偏估计，因此 $\mu=E\left[\bar{X}\right]$，我们进行替换可以得到:

$$E[\bar{X}^2]-\mu^2=E[\bar{X}^2]-E[\bar{X}]^2=\mathrm{var}[\bar{X}]=\mathrm{var}\left[\frac{1}{n}\sum_{i=1}^{n}X_i\right]$$

$$=\frac{1}{n^2}\mathrm{var}\left[\sum_{i=1}^{n}X_i\right]=\frac{1}{n^2}\sum_{i=1}^{n}\mathrm{var}[X_i]=\frac{1}{n^2}\sum_{i=1}^{n}\sigma^2=\frac{\sigma^2}{n}$$

真是千回百转啊，现在把前后两个化简后的期望结果进行合并，就可以得到 $\frac{1}{n}\sum_{i=1}^{n}(X_i - \bar{X})^2$ 的期望了：

$$E\left[\frac{1}{n}\sum_{i=1}^{n}(X_i - \bar{X})^2\right] = E\left[\frac{1}{n}\sum_{i=1}^{n}X_i^2 - \mu^2\right] - E[\bar{X}^2 - \mu^2]$$

$$= \sigma^2 - \frac{1}{n}\sigma^2 = \frac{n-1}{n}\sigma^2$$

根据结果，我们发现 $\frac{1}{n}\sum_{i=1}^{n}(X_i - \bar{X})^2$ 的期望并不等于总体方差的真实值 σ^2，而是偏小的，因此 $\frac{1}{n}\sum_{i=1}^{n}(X_i - \bar{X})^2$ 作为总体方差的估计量是有偏的。

这就是实验结果整体偏小的原因，原来期望并不是总体的方差，而是方差的 $\frac{n-1}{n}$。我们回想一下，总体方差的真实值是 1，样本容量是 100，那么这个估计值的期望就是 $\frac{99}{100} = 0.99$，是不是正好和上面的实验结果一样呢？

那么，想要得到总体方差的无偏估计，方法很简单，进行一下系数的修正，在公式前面乘上一个 $\frac{n}{n-1}$ 即可：

$$\frac{n}{n-1} \cdot \frac{1}{n}\sum_{i=1}^{n}(X_i - \bar{X})^2 = \frac{1}{n-1}\sum_{i=1}^{n}(X_i - \bar{X})^2$$

最后，我们把代码清单 3-6 中方差估计的表达式调整为 $\frac{1}{n-1}\sum_{i=1}^{n}(X_i - \bar{X})^2$。

```
s = sum(np.square((norm_rvs - x_bar))) / float(sample_n-1)
```

观察一下实验结果，如图 3-7 所示。

```
1.0000016490508186
```

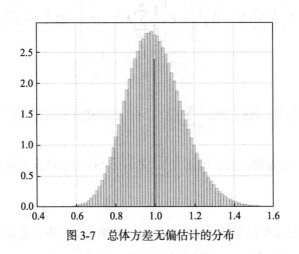

图 3-7　总体方差无偏估计的分布

　　从结果可以看出，方差估计值的期望和总体方差一致，结果是无偏的，正是我们想要的结果。

　　在这一小节中，我们系统地讲述了统计推断的基本概念，那么在工程实践中有哪些实际使用呢？我们在后面章节里会详细介绍。

3.3　极大似然估计

　　这一节，我们重点讲解极大似然估计的基本原理和具体实践方法，并讨论高斯分布参数的极大似然估计这个实际案例。

3.3.1　极大似然估计法的引例

　　首先，我们举一个盒子摸球的例子。

有两个盒子，一号盒子里面有 100 个球，其中 99 个白球，1 个黑球；二号盒子里面也有 100 个球，其中 99 个黑球，1 个白球。

从其中某一个盒子中随机摸出来一个球，这个球是白球，请问，我更有可能是从哪个盒子里摸出的这个球？

显然，你会说是 1 号盒子。道理很简单，因为从 1 号盒子中摸出白球的概率是 0.99，而从 2 号盒子中摸出白球的概率是 0.01，所以更有可能是从 1 号盒子里摸出的这个球。

我们再举一个丢硬币的例子。

有 3 枚不均匀的硬币，第一枚硬币抛出正面的概率是 $\frac{2}{5}$，第二枚硬币抛出正面的概率是 $\frac{1}{2}$，第三枚硬币抛出正面的概率是 $\frac{3}{5}$，这时我取其中一枚硬币，抛了 20 次，其中正面向上的次数是 13 次，请问我最有可能是拿的哪一枚硬币？

这个问题思考的过程也很简单。

3 枚硬币，抛掷 20 次，13 次正面向上的概率分别如下。

第一枚：$C_{20}^{13}\left(\dfrac{2}{5}\right)^{13}\left(1-\dfrac{2}{5}\right)^{20-13}=0.014\,56$。

第二枚：$C_{20}^{13}\left(\dfrac{1}{2}\right)^{13}\left(1-\dfrac{1}{2}\right)^{20-13}=0.073\,92$。

第三枚：$C_{20}^{13}\left(\dfrac{3}{5}\right)^{13}\left(1-\dfrac{3}{5}\right)^{20-13}=0.165\,88$。

下面利用代码进行计算验证，如代码清单 3-7 所示。

代码清单 3-7　计算 3 枚硬币抛掷的概率

```
from scipy.special import comb
```

```
import math

def get_possibility(n, head, p_head):
    return comb(n,head)*math.pow(p_head,head)*\
        math.pow((1-p_head),(n-head))

print(get_possibility(20, 13, 2/5))
print(get_possibility(20, 13, 1/2))
print(get_possibility(20, 13, 3/5))
```

运行结果如下。

```
0.014563052125736147
0.0739288330078125
0.1658822656197132
```

第三枚硬币抛掷出这种结果的概率最大，所以我更有可能拿的是第三枚硬币。这种思维方式背后正是我们要介绍的极大似然估计法，它就是这么简单直接且有效。

3.3.2 似然函数的由来

有了上面两个例子，接下来我们介绍极大似然估计方法，我们重点要理解的是"似然"这个听起来比较陌生的词。

首先看离散的情形，已知随机变量 X 的概率分布类型，但是这个分布的参数是未知的，需要估计，我们把它记作 θ，好比抛掷硬币的试验中，硬币正面朝上的概率是未知的，需要去估计，那么此时 θ 就代表了这个待估计的概率值。

随机变量 X 的取值 x_i 表示抛掷 k 次硬币，正面向上的次数，那么，这个概率就表示为 $P(\{X = x_i\}) = C_k^{x_i} \theta^{x_i} (1-\theta)^{k-x_i}$。

这里需要注意的是， k 和 x_i 都是指定的、已知的，而参数 θ 是未知的。在这个背景下，抛掷 k 次硬币，其中有 x_i 次向上的概率是一个

关于未知参数 θ 的函数，我们把它写作 $P\big(\{X = x_i\}\big) = P(x_i \,|\, \theta)$。

概括地说：概率质量函数 PMF 是一个关于待估参数 θ 的函数。

此时，我们做 n 次实验，每次实验都是连续抛掷 k 次硬币，统计正面向上的次数，这样就能取得一系列样本：$x_1, x_2, x_3, \cdots, x_n$，这些样本的取值之间满足相互独立，那么这一串样本取值为 $\{X_1 = x_1, X_2 = x_2, X_3 = x_3, \cdots, X_n = x_n\}$ 的联合概率：

$$P(x_1 \,|\, \theta)P(x_2 \,|\, \theta)P(x_3 \,|\, \theta)\cdots P(x_n \,|\, \theta)$$

用连乘符号表示就是 $\displaystyle\prod_{i=1}^{n} P(x_i \,|\, \theta)$，这是一个通用的表达式。别看表达式是长长的一串，实际上未知数只有一个 θ，其他的 x_i 都是已知的样本值，因此我们说 θ 的取值，完全决定了这一连串样本取值的联合概率。

由此，我们更换一个更加有针对性的写法：$L(\theta) = L(x_1, x_2, x_3, \cdots, x_n; \theta) = \displaystyle\prod_{i=1}^{n} P(x_i \,|\, \theta)$。

那么，$L(\theta) = L(x_1, x_2, x_3, \cdots, x_n; \theta)$ 就是这一串已知样本值 $x_1, x_2, x_3, \cdots, x_n$ 的似然函数，它描述了取得这一串指定样本值的概率值，而这个概率值完全由未知参数 θ 决定，这就是似然函数的由来。

当然，如果 X 是一个连续型随机变量，我们只要相应的把离散型概率质量函数替换成连续型概率密度函数即可：$L(\theta) = L(x_1, x_2, x_3, \cdots, x_n; \theta) = \displaystyle\prod_{i=1}^{n} f(x_i \,|\, \theta)$。

3.3.3　极大似然估计的思想

显然，似然函数 $L(x_1, x_2, x_3, \cdots, x_n; \theta)$ 指的就是随机变量 X 取到指

定的 $x_1, x_2, x_3, \cdots, x_n$ 这一组样本值的概率大小。当未知的待估计参数 θ 取不同值时，计算出来的概率值就会不同。

例如，当 $\theta = \theta_0$ 时，似然函数 $L(x_1, x_2, x_3, \cdots, x_n; \theta)$ 的取值为 0 或趋近于 0，这意味着，当 $\theta = \theta_0$ 时，随机变量 X 取得样本 $x_1, x_2, x_3, \cdots, x_n$ 的概率为 0，即根本不可能得到这一组样本值。

那么当 θ 取 θ_1 和 θ_2 两个不同的值时，似然函数 $L(x_1, x_2, x_3, \cdots, x_n; \theta_1)$ $> L(x_1, x_2, x_3, \cdots, x_n; \theta_2)$，这意味着，当 $\theta = \theta_1$ 时，随机变量 X 取得这一组指定样本的概率要更大一些，换句话说，θ 取 θ_1 比取 θ_2 更有可能获得样本 $x_1, x_2, x_3, \cdots, x_n$。面对这一组已经获得的采样值，在 θ_1 和 θ_2 当中二选一作为未知参数 θ 的估计值时，选择使似然函数取值更大的估计值 θ_1，是再自然不过的事了。

这就是盒子摸球试验中，推测答案是 1 号盒子；在抛掷硬币试验中，推测答案是第三枚硬币的原因。

那么更进一步，跳出前面引导例子的限制，当未知参数选择的余地更大时，比如未知参数 θ 是对一个概率值的估计，那么它的取值范围就是一个在 $[0,1]$ 之间的连续变量；如果是估计总体的方差，它的取值范围就是非负数；如果估计的是总体的均值，它的取值范围就是全体实数。

我们要做的就是在未知参数 θ 的取值范围中，选取使似然函数 $L(x_1, x_2, x_3, \cdots, x_n; \theta)$ 能够取得最大值的 $\hat{\theta}$ 作为未知参数的估计值，由于 $\hat{\theta}$ 使得似然函数取值达到最大，因此 $\hat{\theta}$ 就是未知参数 θ 的极大似然估计。

换句话说，未知参数 θ 取估计值 $\hat{\theta}$ 时获取已知样本 $x_1, x_2, x_3, \cdots, x_n$ 的可能性比取其他任何值时都大，在这种思维框架下，我们有什么理由不采用它呢？

3.3.4　极大似然估计值的计算

接下来的问题就是如何求解这个极大似然估计值，我们将其转换为求最值的问题。

在给定概率模型和一组相互独立的观测样本 $x_1, x_2, x_3, \cdots, x_n$ 的基础上，求解使得似然函数 $L(\theta) = L(x_1, x_2, x_3, \cdots, x_n; \theta) = \prod_{i=1}^{n} P(x_i \mid \theta)$ 取得最大值的未知参数 θ 的取值。如果是连续型随机变量，则把似然函数替换成 $L(\theta) = L(x_1, x_2, x_3, \cdots, x_n; \theta) = \prod_{i=1}^{n} f(x_i \mid \theta)$。

下面的问题就变得很直接了，对似然函数求导，使导数为 0 的 θ 的取值，就是我们要找的极大似然估计值 $\hat{\theta}$。

这个连乘的函数求导数过程比较复杂，由于函数 $f(x)$ 和 $\ln[f(x)]$ 的单调性保持一致，所以我们可以把似然函数 $L(\theta)$ 转化为 $\ln[L(\theta)]$，这样连乘就变成了连加：

$$
\begin{aligned}
\ln[L(\theta)] &= \ln\left[\prod_{i=1}^{n} P(x_i \mid \theta)\right] \\
&= \ln[P(x_1 \mid \theta)P(x_2 \mid \theta)P(x_3 \mid \theta)\cdots P(x_n \mid \theta)] \\
&= \sum_{i=1}^{n} \ln P(x_i \mid \theta)
\end{aligned}
$$

此时再求导就容易了，如果方程有唯一解，且是极大值点，那么我们就求得了极大似然估计值。

如果有多个未知参数需要估计呢？那也不难，用偏导数就可以了：

$$
\ln\left[L(\theta_1, \theta_2, \cdots, \theta_k)\right]
$$

$$= \ln\left[\prod_{i=1}^{n} P(x_i \mid \theta_1, \theta_2, \cdots, \theta_k)\right]$$

$$= \sum_{i=1}^{n} \ln\left[P(x_i \mid \theta_1, \theta_2, \cdots, \theta_k)\right]$$

为了使得 $\ln\left[L(\theta_1, \theta_2, \cdots, \theta_k)\right]$ 达到最大，我们对每一个待估计的未知参数 θ_i 求偏导数，并建立方程组：

$$\begin{cases} \dfrac{\partial \ln\left[L(\theta_1, \theta_2, \cdots, \theta_k)\right]}{\partial \theta_1} = 0 \\[3mm] \dfrac{\partial \ln\left[L(\theta_1, \theta_2, \cdots, \theta_k)\right]}{\partial \theta_2} = 0 \\ \qquad\qquad\cdots \\ \dfrac{\partial \ln\left[L(\theta_1, \theta_2, \cdots, \theta_k)\right]}{\partial \theta_k} = 0 \end{cases}$$

解得这个方程组就可以得到极大似然估计值了。

说了这么多理论方法，最后我们结合实例加深对估计方法的理解。

3.3.5　简单极大似然估计案例

第一个例子还是抛硬币，抛掷一枚正反面不规则的硬币，我们想估计硬币正面向上的概率 θ，连续抛掷 10 次，每一次抛掷的结果形成样本序列如下：

正、正、正、反、反、正、反、正、正、反。

很显然，每次抛掷的过程都是彼此独立的，并且此时随机变量 X 是一个伯努利随机变量。$P(\{x_i = 正\}) = \theta$，$P(\{x_i = 反\}) = 1 - \theta$，则这组观测数据的似然函数为

$$L(x_1, x_2, \cdots, x_{10}; \theta) = \theta^3 (1-\theta)^2 \theta (1-\theta) \theta^2 (1-\theta) = \theta^6 (1-\theta)^4$$

将其转换为对数似然函数：

$$\ln\left[L(x_1, x_2, \cdots, x_{10}; \theta)\right] = \ln\left[\theta^6 (1-\theta)^4\right] = 6\ln\theta + 4\ln(1-\theta)$$

然后对对数似然函数求导，并令其为 0：

$$\frac{\mathrm{d}\ln\left[L(x_1, x_2, \cdots, x_{10}; \theta)\right]}{\mathrm{d}\theta} = \frac{\mathrm{d}\left[6\ln\theta + 4\ln(1-\theta)\right]}{\mathrm{d}\theta}$$

$$= \frac{6}{\theta} + \frac{4}{\theta - 1} = \frac{10\theta - 6}{\theta(\theta - 1)} = 0$$

得到参数 θ 的极大似然估计值 $\hat{\theta} = \dfrac{6}{10}$。

3.3.6 高斯分布参数的极大似然估计

假设我们有一组观测样本数据 $X = (x_1, x_2, x_3, \cdots, x_n)$，服从参数为 $\theta = (\mu, \sigma^2)$ 的一元高斯分布，如何利用这组样本对分布的参数 θ 进行估计，也就是如何估计样本所服从高斯分布的均值和方差呢？

我们先回顾一下一元高斯分布概率密度函数的表达 $P(x|\theta) = \dfrac{1}{\sqrt{2\pi}\sigma} \exp\left[-\dfrac{(x-\mu)^2}{2\sigma^2}\right]$。

对于服从高斯分布的样本 $X = (x_1, x_2, x_3, \cdots, x_n)$ 而言，我们的目标是估计出这个分布的参数 θ，也就是 μ, σ^2，使得在高斯分布的框架下，这组样本出现的概率最大，也就是 $P(X|\theta)$ 的概率值最大，这样就确定了我们求取参数的优化目标了。

由于这一组样本 $X = (x_1, x_2, x_3, \cdots, x_n)$ 中的每一个样本 x_i 都是独立同分布的，即满足同一个高斯分布，并且彼此之间相互独立，那么

依据随机变量独立的性质, 优化目标 $P(X|\theta)$ 进一步变为

$$P(X|\theta) = \prod_{i=1}^{n} P(x_i|\theta) \text{。}$$

此时同样聚焦高斯分布的对数似然函数:

$$
\begin{aligned}
\ln\left[L(\theta)\right] &= \ln\left[\prod_{i=1}^{n} P(x_i|\theta)\right] \\
&= \ln\left[P(x_1|\theta)P(x_2|\theta)P(x_3|\theta)\cdots P(x_n|\theta)\right] \\
&= \sum_{i=1}^{n} \ln P(x_i|\theta)
\end{aligned}
$$

这里的高斯分布有两个参数, 因此对数似然函数最终写为

$$\ln\left[L(x_1, x_2, \cdots, x_n; \theta)\right] = \sum_{i=1}^{n} \ln P(x_i|\theta) = \sum_{i=1}^{n} \ln P(x_i|\mu, \sigma)$$

进一步带入概率密度函数的表达式:

$$
\begin{aligned}
\ln\left[L(x_1, x_2, \cdots, x_n; \theta)\right] &= \sum_{i=1}^{n} \ln P(x_i|\mu, \sigma) \\
&= \sum_{i=1}^{n} \ln \frac{1}{\sqrt{2\pi}\sigma} \exp\left[-\frac{(x_i - \mu)^2}{2\sigma^2}\right] \\
&= \sum_{i=1}^{n} \left[\ln \frac{1}{\sqrt{2\pi}} + \ln \frac{1}{\sigma} - \frac{(x_i - \mu)^2}{2\sigma^2}\right]
\end{aligned}
$$

现在的目标就是寻找最佳的 $\hat{\mu}$ 和 $\hat{\sigma}$, 使得目标函数 $\sum_{i=1}^{n}\left[\ln \frac{1}{\sqrt{2\pi}} + \ln \frac{1}{\sigma} - \frac{(x_i - \mu)^2}{2\sigma^2}\right]$ 的值取得最大。

这两个参数的处理方法很简单, 就是求使得上面式子偏导数为 0

的 μ 和 σ 。

先看参数 μ ：

$$\hat{\mu} = \underset{\mu}{\mathrm{argmax}} \sum_{i=1}^{n} \left[\ln \frac{1}{\sqrt{2\pi}} + \ln \frac{1}{\sigma} - \frac{(x_i - \mu)^2}{2\sigma^2} \right]$$

由于前面两项都与 μ 无关，最终：

$$\hat{\mu} = \underset{\mu}{\mathrm{argmax}} \sum_{i=1}^{n} \left[\ln \frac{1}{\sqrt{2\pi}} + \ln \frac{1}{\sigma} - \frac{(x_i - \mu)^2}{2\sigma^2} \right] = \underset{\mu}{\mathrm{argmin}} \sum_{i=1}^{n} (x_i - \mu)^2$$

后面直接求 μ 的偏导即可：

$$\frac{\partial}{\partial \mu} \sum_{i=1}^{n} (x_i - \mu)^2 = \sum_{i=1}^{n} 2(x_i - \mu)(-1) = 0$$

$$\Rightarrow \sum_{i=1}^{n} (x_i - \mu) = 0 \Rightarrow \sum_{i=1}^{n} x_i - \sum_{i=1}^{n} \mu = \sum_{i=1}^{n} x_i - n\mu = 0$$

最终我们得出 $\hat{\mu} = \dfrac{1}{n} \sum_{i=1}^{n} x_i$ 。

也就是说，样本的均值就是高斯分布参数 μ 的极大似然估计值。

同样地，我们再看如何利用样本数据对高斯分布的方差进行极大似然估计：

$$\hat{\sigma} = \underset{\sigma}{\mathrm{argmax}} \sum_{i=1}^{n} \left[\ln \frac{1}{\sqrt{2\pi}} + \ln \frac{1}{\sigma} - \frac{(x_i - \mu)^2}{2\sigma^2} \right]$$

$$= \underset{\sigma}{\mathrm{argmax}} \sum_{i=1}^{n} \left[\ln \frac{1}{\sigma} - \frac{(x_i - \mu)^2}{2\sigma^2} \right]$$

还是利用求偏导的方法来解决问题：

$$\frac{\partial}{\partial \sigma} \sum_{i=1}^{n} \left[\ln \frac{1}{\sigma} - \frac{(x_i - \mu)^2}{2\sigma^2} \right] = \sum_{i=1}^{n} \left[-\frac{1}{\sigma} + \frac{1}{2}(x_i - \mu)^2 2\sigma^{-3} \right] = 0$$

$$\Rightarrow \sum_{i=1}^{n} \left[-\sigma^2 + (x_i - \mu)^2 \right]$$

$$= \sum_{i=1}^{n} -\sigma^2 + \sum_{i=1}^{n} (x_i - \mu)^2 = 0$$

取上面式子中参数 σ 的极大似然估计值 $\hat{\sigma}$，最终我们也得出了高斯分布方差的极大似然估计值：

$$\hat{\sigma}^2 = \frac{1}{n} \sum_{i=1}^{n} (x_i - \hat{\mu})^2$$

细心的朋友一定发现了，总体方差的极大似然估计值的分母是 n 而不是 $n-1$，因此它不是一个无偏估计量。但是随着 n 的取值不断增大，它和无偏估计量逐渐趋向一致。

3.4   含有隐变量的参数估计问题

这一小节，我们将接触一种新的场景，即含有隐变量的参数估计问题，我们会通过一个抛硬币的例子，引导读者感性认知在含有隐变量的场景下，通过迭代法的思想探索需要估计的参数。

3.4.1   参数估计问题的回顾

在 3.3 节的例子中，我们学习了如何使用样本值去估计模型的参数，比如均值、方差，并且介绍了非常常用的极大似然估计方法。

假如手上有一枚不均匀的硬币，抛出之后正面向上和反面向上的概率不相等，想要求硬币正面向上的概率，可以抛 n 次，其中正面朝上的次数为 n_1，用 $\frac{n_1}{n}$ 的值作为正面朝上概率的估计。

或者某个地区 18 岁男青年的身高服从一个正态分布，如果想知道这个身高正态分布的均值和方差，可以随机挑选 n 个该地区的 18 岁男青年作为样本，分别统计出他们的身高 $x_1, x_2, x_3, \cdots, x_n$，通过极大似然估计法得到样本均值和样本方差：

$$\begin{cases} \hat{\mu} = \dfrac{1}{n} \sum_{i=1}^{n} x_i \\[2mm] \hat{\sigma}^2 = \dfrac{1}{n} \sum_{i=1}^{n} (x_i - \hat{\mu})^2 \end{cases}$$

如果想要估计值具备无偏性，可以按照之前讲过的知识点，做一点简单的修正：

$$\sigma^2 = \frac{1}{n-1} \sum_{i=1}^{n} (x_i - \hat{\mu})^2$$

3.4.2　新情况：场景中含有隐变量

但是如果在实际场景中，情形发生一点变化，我们就会发现前面非常有效的极大似然估计方法变得力不从心了。

比如，现在你手上有两枚硬币，硬币 A 和 B，它们都是不均匀的，并且正面朝上的概率 P_A 和 P_B 不相等。每次从这两枚硬币中随机摸出一枚抛掷（并不知道取的是哪一枚），记录每次抛掷的结果，最终正面向上的次数为 n_1，反面向上的次数为 n_2，能够直接依据这个数据估计出硬币 A 和硬币 B 各自正面向上的概率吗？当然是不行的。

再比如，统计某地区 18 岁青年的身高，但是这次的样本中，既有男生也有女生，那么获取 n 个青年的样本身高之后，能够直接求得男生的身高均值和方差以及女生的身高均值和方差吗？显然也是不行的，因为男生和女生的身高各自服从不同参数下的高斯分布。

为什么在这两种情况下，直接用极大似然估计的方法无法估计参数了呢？因为这两个模型都是混合模型，不光有观测变量，还有一个隐变量。

一般而言，第 i 个样本的观测变量记作 x_i，隐变量记作 z_i。

在抛硬币的例子中，每次抛硬币的正反是观测变量，但是到底这次抛的是硬币 A 还是硬币 B，我们不知道，这就是隐变量。

在量身高的例子中，样本身高值是观测变量，而这个样本到底是属于男生还是女生，就是一个隐变量。

3.4.3　迭代法: 解决含有隐变量情形的抛硬币问题

针对上述混合模型，我们不能直接用极大似然估计法去计算，需要采用迭代法慢慢地试，也就是贯穿后续几节内容的 EM 算法，即最大期望算法。

EM 算法的公式和计算技巧有点复杂，我们暂时不引入公式，先针对抛硬币的例子，做一个简单的计算，让大家感性地认识在有隐变量的情况下，迭代探索参数究竟是一个什么样的过程。

下面具体描述一下抛硬币的背景。

有不均匀的硬币 A 和硬币 B，每一次试验任取其中一枚，连续抛掷 10 次，记录正反的次数，重复做 6 组试验，结果如表 3-1 所示。

表 3-1　硬币 A 和硬币 B 抛掷试验的结果

试验组别	正面次数	反面次数
第 1 组	6	4
第 2 组	7	3
第 3 组	8	2
第 4 组	4	6
第 5 组	3	7
第 6 组	5	5

那么，硬币 A 和硬币 B 正面向上的概率 θ_A 和 θ_B 各是多少？

目前问题的症结就在于我们不知道每一组到底扔的是哪一枚硬币，如果我现在告诉你，第 1、3、5 组试验我们用的是硬币 A，第 2、4、6 组试验用的是硬币 B，那你会求了吗？

有这个前提就好办了，对于硬币 A 的参数估计，我们直接用第 1、3、5 组试验数据进行估计即可：

$$\theta_A = \frac{6+8+3}{30} = 0.57$$

然后用第 2、4、6 组试验估计硬币 B 的参数：

$$\theta_B = \frac{7+4+5}{30} = 0.53$$

但是实际上我们不知道每一组试验用的是哪一枚硬币，也就无法通过上面的简单算法估计出参数。因此我们考虑使用迭代法，也就是用多轮操作逐步接近真实的 θ_A 和 θ_B，我们来详细介绍一下思路。

先随意赋一个初值 $\theta_A^{(0)}$ 和 $\theta_B^{(0)}$：

$$\theta_A^{(0)} = 0.7, \quad \theta_B^{(0)} = 0.4$$

那么基于这个预设的参数，在第 1 组试验中我们设抛掷的是硬币 A 的概率为 P_{A1}，是硬币 B 的概率为 P_{B1}。

如果在第 1 组试验中，完全用硬币 A 来抛，抛出 6 正 4 反的概率：

$$\theta_A^{(0)6}(1-\theta_A^{(0)})^4 = 0.7^6 \cdot 0.3^4 = 0.000\,952$$

同理，在第 1 组试验中，完全用硬币 B 来抛，抛出 6 正 4 反的概率：

$$\theta_B^{(0)6}(1-\theta_B^{(0)})^4 = 0.4^6 \cdot 0.6^4 = 0.000\,530$$

那么第 1 组试验中，抛掷的是硬币 A 和硬币 B 的概率分别：

$$P_{A1} = \frac{\theta_A^{(0)6}(1-\theta_A^{(0)})^4}{\theta_A^{(0)6}(1-\theta_A^{(0)})^4 + \theta_B^{(0)6}(1-\theta_B^{(0)})^4} = 0.642$$

$$P_{B1} = \frac{\theta_B^{(0)6}(1-\theta_B^{(0)})^4}{\theta_A^{(0)6}(1-\theta_A^{(0)})^4 + \theta_B^{(0)6}(1-\theta_B^{(0)})^4} = 0.357$$

按照同样的方式，我们可以计算出另外 5 组试验硬币 A 和硬币 B 可能出现的概率，如表 3-2 所示。

表 3-2　第一轮迭代硬币 A 和硬币 B 在每组试验中出现的概率

试验组别	硬币 A 的概率	硬币 B 的概率
第 1 组	0.64	0.36
第 2 组	0.86	0.14
第 3 组	0.96	0.04
第 4 组	0.13	0.87
第 5 组	0.04	0.96
第 6 组	0.34	0.66

我们重点看第 1 组试验算出的结果 $P_{A1} = 0.64$ 和 $P_{B1} = 0.36$，第 1 组试验的结果是 6 正 4 负，那么由硬币 A 抛出来的结果应该是：$0.64 \times 6 = 3.84$ 次正面，$0.64 \times 4 = 2.56$ 次反面；由硬币 B 抛出来的结果应该是：$0.36 \times 6 = 2.16$ 次正面，$0.36 \times 4 = 1.44$ 次反面，利用这种方法，可以得到各组试验中硬币 A 和硬币 B 各自抛掷出来的正反面统计结果，如表 3-3 所示。

有了这个表，我们就能重新估计硬币 A 和硬币 B 正面朝上的概率了，因为此时数据是完备的，对于每一枚硬币，我们可以分别计算出正面向上的总次数和反面向上的总次数。由此将估计出的值作为新一轮的估计值：

$$\theta_A^{(1)} = \frac{3.84 + 6.02 + 7.68 + 0.52 + 0.12 + 1.70}{(3.84 + 6.02 + 7.68 + 0.52 + 0.12 + 1.70) +} = 0.669$$
$$(2.56 + 2.58 + 1.92 + 0.78 + 0.28 + 1.70)$$

$$\theta_B^{(1)} = \frac{2.16 + 0.98 + 0.32 + 3.48 + 2.88 + 3.30}{(2.16 + 0.98 + 0.32 + 3.48 + 2.88 + 3.30) +} = 0.433$$
$$(1.44 + 0.42 + 0.08 + 5.22 + 6.72 + 3.30)$$

表 3-3　第一轮迭代硬币 A 和硬币 B 在每组试验中的正反结果情况

试验组别	由硬币 A 抛掷出的结果	由硬币 B 抛掷出的结果
第 1 组	正：3.84 反：2.56	正：2.16 反：1.44
第 2 组	正：6.02 反：2.58	正：0.98 反：0.42
第 3 组	正：7.68 反：1.92	正：0.32 反：0.08
第 4 组	正：0.52 反：0.78	正：3.48 反：5.22
第 5 组	正：0.12 反：0.28	正：2.88 反：6.72
第 6 组	正：1.70 反：1.70	正：3.30 反：3.30

就好像最初的 $\theta_A^{(0)}$ 和 $\theta_B^{(0)}$，此时我们有了 $\theta_A^{(1)}$ 和 $\theta_B^{(1)}$，就可以通过重复上面两张表的计算过程，不断计算和更新出 $\theta_A^{(2)}, \theta_B^{(2)}; \theta_A^{(3)}, \theta_B^{(3)};$ $\theta_A^{(4)}, \theta_B^{(4)}; \cdots; \theta_A^{(n)}, \theta_B^{(n)}$，直到参数收敛于真实的 θ_A 和 θ_B。

3.4.4　代码实验

我们用代码来演示一下上述过程，观察一下最终参数的收敛情况，如代码清单 3-8 所示。

代码清单 3-8　含有隐变量的硬币抛掷问题迭代求解

```python
import numpy as np
from scipy.stats import binom

# 一轮迭代处理，更新一次参数值
def single_iter(theta_priors, exper_results):
```

```python
"""
param exper_results: 6组试验的观测结果
param theta_priors: 上一轮迭代更新的参数 theta_A 和
    theta_B
"""
counts = {'A': {'H': 0, 'T': 0}, 'B': {'H': 0,
         'T': 0}}
theta_A = theta_priors['A']
theta_B = theta_priors['B']

# 迭代计算每组试验的数据
for result in exper_results:
    num_heads = result['H']
    num_tails = result['T']
    P_A = binom.pmf(num_heads, num_heads+num_tails,
                    theta_A)
    P_B = binom.pmf(num_heads, num_heads+num_tails,
        theta_B)
    # 计算出硬币 A 和硬币 B 各自出现的概率
    weight_A = P_A / (P_A + P_B)
    weight_B = P_B / (P_A + P_B)
    # 更新在当前硬币 A 和硬币 B 各自出现的概率下,
        硬币 A 和硬币 B 各自的正反面次数
    counts['A']['H'] += weight_A * num_heads
    counts['A']['T'] += weight_A * num_tails
    counts['B']['H'] += weight_B * num_heads
    counts['B']['T'] += weight_B * num_tails
#经过这一轮处理, 重新估计硬币 A 和硬币 B 正面向上的概率
new_theta_A = counts['A']['H'] / (counts['A']['H']
              + counts['A']['T'])
new_theta_B = counts['B']['H'] / (counts['B']['H']
              + counts['B']['T'])
return {'A':new_theta_A, 'B':new_theta_B}


#6 组试验结果的观测值
exper_results = np.array([{'H':6, 'T':4},
                          {'H':7, 'T':3},
                          {'H':8, 'T':2},
```

```
                              {'H':4, 'T':6},
                              {'H':3, 'T':7},
                              {'H':5, 'T':5}])

theta = {'A':0.7, 'B':0.4}  # 设定初始的参数值 theta_0
iter = 0
total_iter = 10000  # 最多的迭代次数

while iter < total_iter:
    new_theta = single_iter(theta, exper_results)
    print(new_theta)
    delta_change = np.abs(theta['A'] - new_theta['A'])
    if delta_change < 1e-6:# 判断参数收敛的阈值
        break
    else:
        theta = new_theta
        iter += 1

print('迭代结束，总共迭代轮数{}'.format(iter))
print('最终估计的参数{}'.format(new_theta))
```

运行结果如下。

```
{'A': 0.6694126832859867, 'B': 0.43307153891391403}
{'A': 0.6561401072334178, 'B': 0.44592641830282287}
{'A': 0.648850635050182, 'B': 0.45262674675165004}
{'A': 0.6444606996227901, 'B': 0.4566428940501621}
{'A': 0.6416696941109472, 'B': 0.4592260637034912}
{'A': 0.6398288094596015, 'B': 0.4609508794041599}
{'A': 0.6385835689206262, 'B': 0.46212804309123456}
{'A': 0.6377266472932526, 'B': 0.4629428023657667}
{'A': 0.6371300211954894, 'B': 0.46351213432048705}
{'A': 0.6367112900943481, 'B': 0.46391262897516644}
{'A': 0.636415784188849, 'B': 0.46419568616023116}
{'A': 0.6362064365133707, 'B': 0.4643964128025131}
{'A': 0.6360577255350335, 'B': 0.4645390951718386}
{'A': 0.6359518865503304, 'B': 0.4646406902689034}
{'A': 0.6358764581774304, 'B': 0.46471311733442455}
{'A': 0.6358226509718845, 'B': 0.46476479515284935}
```

```
{'A': 0.6357842411150829, 'B': 0.464801690813169}
{'A': 0.6357568091886201, 'B': 0.4648280442764872}
{'A': 0.6357372107837561, 'B': 0.46484687368928607}
{'A': 0.6357232054714698, 'B': 0.46486033023281426}
{'A': 0.635713195294393, 'B': 0.4648699485715604}
{'A': 0.6357060397009104, 'B': 0.4648768242651314}
{'A': 0.6357009241923037, 'B': 0.46488173977564035}
{'A': 0.635697266896892, 'B': 0.46488525413563764}
{'A': 0.6356946520195472, 'B': 0.4648877668440753}
{'A': 0.6356927823840526, 'B': 0.4648895634423823}
{'A': 0.6356914455644063, 'B': 0.46489084804616204}
{'A': 0.6356904897005826, 'B': 0.46489176657769465}
迭代结束，总共迭代轮数 27
最终估计的参数{'A': 0.6356904897005826, 'B':
            0.46489176657769465}
```

从程序运行的结果来看，经过 27 轮迭代，最后收敛出 $\theta_A = 0.635$，$\theta_B = 0.464$。

通过这个例子，我们初步领略了用迭代求解的方法，探索包含隐变量情况下的参数估计问题。这个例子非常简单也很直观，没有使用太多的数学表达式。

但是实际上，这种极其简单的情况并不常见，大部分含有隐变量的问题计算过程都较为复杂，我们需要归纳出一套公式、一个形式化的统一办法，来描述参数 $\theta^{(t)}$ 和 $\theta^{(t+1)}$ 的迭代关系。在后面几节内容中，我们将详细介绍一套非常常用的混合模型参数迭代的理论和方法: EM算法，并深入剖析这套方法如何使用、为何好用，最终基于它再次回到实践中，解决混合高斯模型中的参数估计问题。

3.5 概率渐增：EM 算法的合理性

这一节我们开始介绍 EM 算法，首先我们认识一下 EM 算法的迭代公式，然后围绕迭代公式的有效性进行详细的数学证明。

3.5.1　EM 算法的背景介绍

在 3.4 节, 我们用一个例子介绍了在含有隐变量的情形下, 如何用迭代法去估计模型的参数, 这是 EM 算法的基础。从这一节开始, 我们将深入 EM 算法的理论, 带领读者去一探究竟。

在极大似然估计中, 我们用求最值的方法, 将使得 $P(X\,|\,\theta)$ 取得最大值的参数 θ 作为估计值, 有一类概率模型比较简单, 只含有观测变量 X, 例如前面介绍的单中心一元高斯分布, 我们可以直接利用模型分布的观测变量, 基于极大似然估计法, 估计出这个模型的参数 μ 和 σ。

而在另一些模型中, 含有一类隐变量 Z, 这类变量是观测不到的, 使得模型无法利用观测变量 X 直接求导得出估计值 θ, 那么就必须换一种求解思路, 采用一轮一轮迭代的方法, 不断逼近真实解。

如何迭代? 又如何保证一定能逼近真实的参数 θ? 相信读者此时肯定还是一头雾水, 带着这两个问题, 下面我们逐一分析。

3.5.2　先抛出 EM 算法的迭代公式

首先, 我们来看看如何迭代, 这里我们先给出 EM 算法中的参数迭代公式:

$$\theta^{(t+1)} = \underset{\theta}{\operatorname{argmax}} \int_{Z} \log P(X, Z\,|\,\theta) P(Z\,|\,X, \theta^{(t)}) \mathrm{d}Z$$

它表示在第 t 轮迭代的过程中, 我们能够利用第 t 轮的参数估计值 $\theta^{(t)}$, 去迭代估计出第 $t+1$ 轮的参数 $\theta^{(t+1)}$。

那么, 我们在假定一个初值 $\theta^{(0)}$ 的情况下, 就能通过这个迭代公式, 一轮一轮迭代下去。至于这个公式的由来, 我们先不展开, 放在 3.6 节再做介绍。

这种迭代的方法为何有效? 换句话说, 我们如何能保证从 $\theta^{(0)}$ 开

始，$\theta^{(1)}$，$\theta^{(2)}$，$\theta^{(3)}$，$\theta^{(4)}$，$\cdots$，一直到 $\theta^{(t)}$ 的迭代过程中，每一次迭代都能使似然函数 $P(X\,|\,\theta)$ 的值不断增大，实现最终的收敛性。本质上，只要保证每次迭代，$P(X\,|\,\theta)$ 的值都在增大，这个方法就是有效的、可行的。

3.5.3　EM 算法为什么是有效的

我们这一节来分析为何每一轮迭代都能使似然函数 $P(X\,|\,\theta)$ 的值不断增大，让你安心使用这个迭代方法。

下面我们开始利用公式形式化的描述和证明这个问题，即:

对于任意轮数 t，通过 $\theta^{(t+1)}=\underset{\theta}{\mathrm{argmax}}\int_{Z}\log P(X,Z\,|\,\theta)P(Z\,|\,X,$ $\theta^{(t)})\mathrm{d}Z$ 的方法实现 $\theta^{(t)}\to\theta^{(t+1)}$ 的迭代之后，一定能够满足 $\log P(X\,|\,\theta^{(t)})\leqslant\log P(X\,|\,\theta^{(t+1)})$（等价于 $P(X\,|\,\theta^{(t)})\leqslant P(X\,|\,\theta^{(t+1)})$）。

下面我们开始证明。

首先，利用贝叶斯公式得到观测变量 X 和隐变量 Z 的概率关系式:

$$P(X\,|\,\theta)P(Z\,|\,X,\theta)=P(X,Z\,|\,\theta)$$
$$\Rightarrow \log P(X\,|\,\theta)+\log P(Z\,|\,X,\theta)=\log P(X,Z\,|\,\theta)$$

因此，我们将隐变量引入 log 似然函数:

$$\log P(X\,|\,\theta)=\log P(X,Z\,|\,\theta)-\log P(Z\,|\,X,\theta)$$

对等式两边同时求关于 $P(Z\,|\,X,\theta^{(t)})$ 的期望，也就是求积分:

$$\int_{Z}P(Z\,|\,X,\theta^{(t)})\log P(X\,|\,\theta)\mathrm{d}Z$$

$$=\int_{Z}P(Z\,|\,X,\theta^{(t)})\log P(X,Z\,|\,\theta)\mathrm{d}Z-\int_{Z}P(Z\,|\,X,\theta^{(t)})\log P(Z\,|\,X,\theta)\mathrm{d}Z$$

对等式左边进行化简：

$$\int_Z P(Z \mid X, \theta^{(t)}) \log P(X \mid \theta) \mathrm{d}Z = \log P(X \mid \theta) \int_Z P(Z \mid X, \theta^{(t)}) \mathrm{d}Z$$
$$= \log P(X \mid \theta) \times 1 = \log P(X \mid \theta)$$

这里简单解释一下，$\log P(X \mid \theta)$ 与变量 Z 无关，因此可以拿到积分号外面，同时，$\int_Z P(Z \mid X, \theta^{(t)}) \mathrm{d}Z$ 相当于所有概率的和，其值必然为1。

因此等式最终变为：

$$\log P(X \mid \theta)$$
$$= \int_Z P(Z \mid X, \theta^{(t)}) \log P(X, Z \mid \theta) \mathrm{d}Z - \int_Z P(Z \mid X, \theta^{(t)}) \log P(Z \mid X, \theta) \mathrm{d}Z$$

那么，最开始验证 $P(X \mid \theta^{(t+1)}) \geqslant P(X \mid \theta^{(t)})$，就转化为验证下面这个不等式是否成立：

$$\int_Z P(Z \mid X, \theta^{(t)}) \log P(X, Z \mid \theta^{(t+1)}) \mathrm{d}Z$$
$$- \int_Z P(Z \mid X, \theta^{(t)}) \log P(Z \mid X, \theta^{(t+1)}) \mathrm{d}Z$$
$$\geqslant \int_Z P(Z \mid X, \theta^{(t)}) \log P(X, Z \mid \theta^{(t)}) \mathrm{d}Z$$
$$- \int_Z P(Z \mid X, \theta^{(t)}) \log P(Z \mid X, \theta^{(t)}) \mathrm{d}Z$$

将不等式拆解成两部分，如果能验证下面两部分的不等式都成立，那么自然 $P(X \mid \theta^{(t+1)}) \geqslant P(X \mid \theta^{(t)})$ 就是成立的。

不等式1：

$$\int_Z P(Z \mid X, \theta^{(t)}) \log P(X, Z \mid \theta^{(t+1)}) \mathrm{d}Z$$
$$\geqslant \int_Z P(Z \mid X, \theta^{(t)}) \log P(X, Z \mid \theta^{(t)}) \mathrm{d}Z$$

不等式2：

$$\int_Z P(Z \mid X, \theta^{(t)}) \log P(Z \mid X, \theta^{(t+1)}) \mathrm{d}Z$$
$$\leqslant \int_Z P(Z \mid X, \theta^{(t)}) \log P(Z \mid X, \theta^{(t)}) \mathrm{d}Z$$

先看不等式 1:

让我们回忆一下, $\theta^{(t+1)}$ 是如何迭代出来的?

$$\theta^{(t+1)} = \underset{\theta}{\operatorname{argmax}} \int_Z \log P(X, Z \mid \theta) P(Z \mid X, \theta^{(t)}) \mathrm{d}Z$$

也就是说, 依据迭代算法的定义, $\theta = \theta^{(t+1)}$ 是使得 $\int_Z \log P(X,$ $Z \mid \theta) P(Z \mid X, \theta^{(t)}) \mathrm{d}Z$ 取值达到最大的值, 换言之就是比 θ 取其他值都要大, 自然这个其他值里也包含了 $\theta = \theta^{(t)}$。

所以说, 对于 $\int_Z P(Z \mid X, \theta^{(t)}) \log P(X, Z \mid \theta^{(t+1)}) \mathrm{d}Z \geqslant \int_Z P(Z \mid X,$ $\theta^{(t)}) \log P(X, Z \mid \theta^{(t)}) \mathrm{d}Z$ 这个不等式而言, 迭代算法本身的定义就能够保证其成立。

那么不等式 2 呢? 我们稍作变形:

$$\int_Z P(Z \mid X, \theta^{(t)}) \log P(Z \mid X, \theta^{(t)}) \mathrm{d}Z$$
$$- \int_Z P(Z \mid X, \theta^{(t)}) \log P(Z \mid X, \theta^{(t+1)}) \mathrm{d}Z$$
$$= \int_Z P(Z \mid X, \theta^{(t)}) \log \frac{P(Z \mid X, \theta^{(t)})}{P(Z \mid X, \theta^{(t+1)})} \mathrm{d}Z$$

这里引入一个概念, 叫 KL 散度, 也就是相对熵。

设 $P(X)$ 和 $Q(X)$ 是随机变量 X 上的两个概率分布, 则在离散和连续随机变量的情形下, 相对熵的定义分别为

$$\mathrm{KL}(P \parallel Q) = \sum P(X) \log \frac{P(X)}{Q(X)}$$

$$\mathrm{KL}(P \parallel Q) = \int P(X) \log \frac{P(X)}{Q(X)} \mathrm{d}X$$

KL 散度用来衡量两个分布 $P(X)$ 和 $Q(X)$ 之间的距离, 因此具有一个非常重要的性质, 那就是非负性, 即: $\mathrm{KL}(P \parallel Q) \geqslant 0$, 当 $P(X)$ 和 $Q(X)$ 两个分布相同的时候, 取等号。

有了 KL 散度的概念做支撑, 那么我们就能够最终完成不等式成立的证明过程:

$$\int_Z P(Z \mid X, \theta^{(t)}) \log P(Z \mid X, \theta^{(t)}) \mathrm{d}Z$$

$$- \int_Z P(Z \mid X, \theta^{(t)}) \log P(Z \mid X, \theta^{(t+1)}) \mathrm{d}Z$$

$$= \int_Z P(Z \mid X, \theta^{(t)}) \log \frac{P(Z \mid X, \theta^{(t)})}{P(Z \mid X, \theta^{(t+1)})} \mathrm{d}Z$$

$$= \mathrm{KL}\Big[P(Z \mid X, \theta^{(t)}) \parallel P(Z \mid X, \theta^{(t+1)}) \Big] \geqslant 0$$

因此, 不等式 1 和不等式 2 都已得证。

那么经过 $\theta^{(t)} \to \theta^{(t+1)}$ 的迭代之后, $\log P(X \mid \theta^{(t)}) \leqslant \log P(X \mid \theta^{(t+1)})$ 的关系就得到了证明, 也就是说通过一轮一轮的迭代, log 似然函数的取值也在不断增大, 最终 log 似然函数收敛到最大值, 我们的待估计参数 θ 也就不断趋近于参数的真实值。

3.6　探索 EM 公式的底层逻辑与由来

在 3.5 节中, 我们介绍了 EM 公式, 并对它进行了严格的数学证明, 这一节我们重点介绍 EM 算法的底层逻辑, 详细向读者展现 EM 公式的由来。

3.6.1   EM 公式中的 E 步和 M 步

3.5 节，我们直接使用了 EM 的迭代公式，通过证明收敛性，验证了这种迭代法求解参数 θ 的合理性。那么这一节，我们来彻底搞清楚 EM 公式的由来。

这里我们重新定义一些符号。

X：观测数据；Z：非观测数据，也就是隐变量；(X,Z)：完整数据；θ：待估计的参数。

这里要先说明参数 θ 迭代公式是怎么得来的：

$$\theta^{(t+1)} = \underset{\theta}{\mathrm{argmax}} \int_Z \log P(X,Z\,|\,\theta) P(Z\,|\,X,\theta^{(t)})\mathrm{d}Z$$

EM 算法包含了所谓的 E 步和 M 步。所谓的 E 步，就是求期望，求的是 $\log P(X,Z\,|\,\theta)$ 关于条件概率 $P(Z\,|\,X,\theta^{(t)})$ 的期望：

$$E_{Z|X,\theta^{(t)}}[\log P(X,Z\,|\,\theta)] = \int_Z \log P(X,Z\,|\,\theta) P(Z\,|\,X,\theta^{(t)})\mathrm{d}Z$$

所谓的 M 步，则是获取令这个期望取得最大值的 θ 值，并作为下一轮的迭代值 $\theta^{(t+1)}$。

3.6.2   剖析 EM 算法的由来

下面我们来深入剖析一下这个迭代公式，最初的极大似然估计目标：

$$\hat{\theta} = \underset{\theta}{\mathrm{argmax}} \log P(X\,|\,\theta)$$

我们从 $\log P(X\,|\,\theta)$ 这个式子入手做一些变换，根据贝叶斯定理：

$$P(X\,|\,\theta)P(Z\,|\,X,\theta) = P(X,Z\,|\,\theta) \Rightarrow P(X\,|\,\theta) = \frac{P(X,Z\,|\,\theta)}{P(Z\,|\,X,\theta)}$$

那么有：$\log P(X\,|\,\theta) = \log P(X,Z\,|\,\theta) - \log P(Z\,|\,X,\theta)$。

我们引入一个关于 Z 的分布 $q(Z)$，这个 $q(Z)$ 具体是什么，这里先暂时搁在一边，放入式子中：

$$\log P(X\mid\theta)=\left[\log P(X,Z\mid\theta)-\log q(Z)\right]-\left[\log P(Z\mid X,\theta)-\log q(Z)\right]$$
$$=\log\frac{P(X,Z\mid\theta)}{q(Z)}-\log\frac{P(Z\mid X,\theta)}{q(Z)}$$

此时，对等式左右两边同时求关于分布 $q(Z)$ 的期望，也就是求积分，先看左边：

$$\int_Z q(Z)\log P(X\mid\theta)\mathrm{d}Z=\log P(X\mid\theta)\int_Z q(Z)\mathrm{d}Z=\log P(X\mid\theta)$$

这里有两点很重要。

1）$\log P(X\mid\theta)$ 和变量 Z 无关，因此可以拿到积分符号外面。

2）$\int_Z q(Z)\mathrm{d}Z=1$，因此最终左边等于 $\log P(X\mid\theta)$。

则两边同时积分之后的等式如下所示：

$$\log P(X\mid\theta)=\int_Z q(Z)\log\frac{P(X,Z\mid\theta)}{q(Z)}\mathrm{d}Z-\int_Z q(Z)\log\frac{P(Z\mid X,\theta)}{q(Z)}\mathrm{d}Z$$
$$=\int_Z q(Z)\log\frac{P(X,Z\mid\theta)}{q(Z)}\mathrm{d}Z+\int_Z q(Z)\log\frac{q(Z)}{P(Z\mid X,\theta)}\mathrm{d}Z$$

我们称左边的式子 $\displaystyle\int_Z q(Z)\log\frac{P(X,Z\mid\theta)}{q(Z)}\mathrm{d}Z$ 为证据下界 ELBO（Evidence lower bound）。

右边的式子 $\displaystyle\int_Z q(Z)\log\frac{q(Z)}{P(Z\mid X,\theta)}\mathrm{d}Z$ 是一个 KL 散度的定义式：

$$\int_Z q(Z)\log\frac{q(Z)}{P(Z\mid X,\theta)}\mathrm{d}Z=\mathrm{KL}\left[q(Z)\,\|\,P(Z\mid X,\theta)\right]$$

这里 KL 散度描述的是 $q(Z)$ 和 $P(Z\mid X,\theta)$ 两个分布之间的差异性，我们知道 KL 散度有一个性质，即：

$\mathrm{KL}\big[q(Z)\,\|\,P(Z\mid X,\theta)\big]\geqslant 0$ 当 且 仅 当 $q(Z)=p(Z\mid X,\theta)$ 时，$\mathrm{KL}\big[q(Z)\,\|\,p(Z\mid X,\theta)\big]=0$。

因此，整个式子的表达被转化为

$$\log P(X\mid\theta)=\mathrm{ELBO}+\mathrm{KL}\big[q(Z)\,\|\,P(Z\mid X,\theta)\big]\geqslant\mathrm{ELBO}$$

这也就是 $\displaystyle\int_Z q(Z)\log\frac{P(X,Z\mid\theta)}{q(Z)}\mathrm{d}Z$ 被称作证据下界的原因，它成了 $\log P(X\mid\theta)$ 取值的下边界，那么就有了一个思路：我们想办法让 ELBO 达到最大，然后间接地让 $\log P(X\mid\theta)$ 达到最大，即我们通过用 ELBO 来等效迭代控制 $\log P(X\mid\theta)$。但是问题来了，一般情况下，因为 KL 散度的存在，$\log P(X\mid\theta)$ 和 ELBO 并不相等，不等效，这该怎么办？

这里就要充分利用 KL 散度的性质，在每轮迭代的时候把它消除掉。大家注意处理技巧，在第 t 轮迭代的时候（已知 $\theta^{(t)}$，估计 $\theta^{(t+1)}$），我们固定住 KL 散度中概率 $P(Z\mid X,\theta)$ 的变量 θ，让 $\theta=\theta^{(t)}$，同时让 $q(Z)=P(Z\mid X,\theta^{(t)})$，这样在每一轮迭代的时候 KL 散度就能做到恰好为 0，ELBO 和 $\log P(X\mid\theta)$ 做到等效，我们求取 ELBO 本轮的极大值，等效的就求取了 $\log P(X\mid\theta)$ 的极大值：

$$\begin{aligned}\theta^{(t+1)}&=\underset{\theta}{\operatorname{argmax}}\,\log P(X\mid\theta)\\&=\underset{\theta}{\operatorname{argmax}}\left[\int_Z q(Z)\log\frac{P(X,Z\mid\theta)}{q(Z)}\mathrm{d}Z+\int_Z q(Z)\log\frac{q(Z)}{P(Z\mid X,\theta^{(t)})}\mathrm{d}Z\right]\end{aligned}$$

我们让分布 $q(Z)=P(Z\mid X,\theta^{(t)})$，则 KL 散度为 0，即实现 ELBO 和似然函数的等效：

$$\theta^{(t+1)} = \underset{\theta}{\operatorname{argmax}} \log P(X \mid \theta)$$

$$= \underset{\theta}{\operatorname{argmax}} \int_Z P(Z \mid X, \theta^{(t)}) \log \frac{P(X, Z \mid \theta)}{P(Z \mid X, \theta^{(t)})} dZ + 0$$

$$= \underset{\theta}{\operatorname{argmax}} \left[\int_Z P(Z \mid X, \theta^{(t)}) \log P(X, Z \mid \theta) dZ \right.$$

$$\left. - \int_Z P(Z \mid X, \theta^{(t)}) \log P(Z \mid X, \theta^{(t)}) dZ \right]$$

而右侧的 $P(Z \mid X, \theta^{(t)}) \log P(Z \mid X, \theta^{(t)})$ 中，只有常数 $\theta^{(t)}$，不包含变量 θ，因此在求式子最大值的时候可以去掉，最终得到最开始我们提出的 EM 迭代公式：

$$\theta^{(t+1)} = \underset{\theta}{\operatorname{argmax}} \int_Z P(Z \mid X, \theta^{(t)}) \log P(X, Z \mid \theta) dZ$$

此时，我们得到了最初的迭代式，这一节我们花了点功夫，了解了 EM 公式的由来。

3.7 探索高斯混合模型：EM 迭代实践

前面我们讲过，很多情形下可以用高斯分布描述一组样本的分布，它非常通用，本节不再列举具体例子了。现在请看图 3-8 所示的样本分布图。

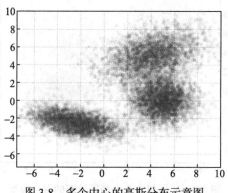

图 3-8 多个中心的高斯分布示意图

很显然，如果我们试图用一个二元的高斯分布模型去描述图中这些样本点的分布，肯定是不合适的，单个高斯分布无法描述图中的样本分布。

3.7.1 高斯混合模型的引入

解决这个问题就需要引入高斯混合模型，顾名思义，这个模型有两个要点，一个是高斯，另一个是混合。

高斯指的是底层模型还是高斯分布；混合指的是利用多个高斯分布进行加权叠加，就是将多个不同的高斯分布的概率密度函数进行加权叠加，形成一个新概率密度函数表达式，它能够更有效地描述当前情形下的样本分布。

$$p(x) = \sum_{k=1}^{K} \alpha_k N(\mu_k, \Sigma_k), \text{ 其中满足：} \sum_{k=1}^{K} \alpha_k = 1$$

即，假设混合高斯模型中有 K 个高斯分布，每个高斯分布概率密度函数 $N(\mu_k, \Sigma_k)$ 的权重是 α_k，那么针对上面的例子，我们可以假定高斯混合模型中有 3 个高斯分布，我们用不同的颜色区分不同的高斯分布，如图 3-9 所示，3 个高斯分布拥有不同的权重 $\alpha_1, \alpha_2, \alpha_3$，最终叠加形成所有样本的概率密度函数。

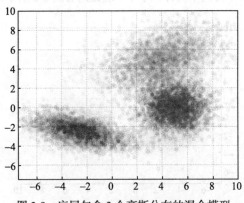

图 3-9   底层包含 3 个高斯分布的混合模型

也就是说对于某一个样本，利用高斯混合模型中的每一个高斯分布，都可以计算出一个概率密度值，然后把它们按照权重进行相加，就得到它实际最终的概率密度值。

以上是从几何角度来介绍高斯混合模型。

3.7.2　从混合模型的角度看内部机理

下面我们换一种视角，从混合模型的角度来探讨，相信更能揭示模型内部的机理。

高斯混合模型也同时含有观测变量 x 和隐变量 z。观测变量 x 很简单，就是样本各特征的观测值，就是图 3-9 中各个点的坐标。

而隐含量 z 指的是什么呢？这里我们用软分类的思想做一个类比，对于任意一个样本，它并不是非此即彼、生硬的属于其中某一个高斯分布，而是属于每一个高斯分布，但是属于每一个高斯分布的概率不同。

假设我们底层共有 K 个高斯分布，即：$C_1, C_2, C_3, \cdots, C_K$，对于每一个样本，它们属于这 K 个高斯分布的概率，分别对应为 $p_1, p_2, p_3, \cdots, p_K$，这就带来了隐变量 z，它是一个离散型的随机变量，它的分布列如表 3-4 所示。

表 3-4　高斯混合模型中隐变量 z 的分布列

z	C_1	C_2	C_3	C_4	$\cdots$	C_K
$p(z)$	p_1	p_2	p_3	p_4	$\cdots$	p_K

那么，我们再从混合模型的角度梳理一下生成一个样本的过程，如图 3-10 所示。

第一步，生成一个隐变量 z。

换句话说就是依照 z 的随机变量分布，依概率决定当前这个样本属于哪一个高斯分布，想象这样一个场景：有一个不均匀的骰子，它有 K 个面，抛掷出每个面向上的概率依次为 $p_1, p_2, p_3, \cdots, p_K$，然后我们扔一次骰子，此时哪个面向上，决定了样本属于哪个高斯分布，记作 C_k。

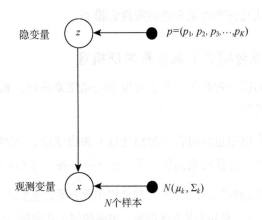

图 3-10   从混合模型的角度看样本生成的过程

第二步，生成观测变量 x。

依据高斯分布 C_k 生成一个样本，得到它的观测变量值 x。

这个混合模型样本的生成过程听起来和前面的概率密度加权方法似乎不太一样，那么我们从这个混合模型的角度再来看一下概率密度函数 $p(x)$ 的形式：

$$p(x) = \sum_z p(x,z) = \sum_{k=1}^{K} p(x, z = C_k)$$

$$= \sum_{k=1}^{K} p(z = C_k) p(x \mid z = C_k) = \sum_{k=1}^{K} p_k N(x \mid \mu_k, \Sigma_k)$$

这么一看，不论是从加权平均还是混合模型生成的角度去考察高斯混合模型，得到的结果都是一致的。

3.7.3 高斯混合模型的参数估计

现在我们清楚了高斯混合模型的由来, 再来看一下高斯混合模型的参数估计问题。

高斯混合模型的参数包含 3 个部分, 即: 样本属于每个高斯分布的概率、每个高斯分布的均值向量、每个高斯分布的协方差矩阵。

$$\theta = \left(p_1, p_2, \cdots, p_K, \mu_1, \mu_2, \cdots, \mu_K, \Sigma_1, \Sigma_2, \cdots, \Sigma_K \right)$$

样本 X 称为观测数据, Z 称为隐变量, (X, Z) 称为完全数据。

针对高斯混合模型, 如何利用观测数据进行参数估计呢? 我们直接套用极大似然估计的方法:

$$\hat{\theta} = \underset{\theta}{\mathrm{argmax}} \log P(X \mid \theta)$$

这么做能够顺利求出参数 θ 的解析解吗? 我们对公式进行变换:

$$\hat{\theta} = \underset{\theta}{\mathrm{argmax}} \log P(X \mid \theta) = \underset{\theta}{\mathrm{argmax}} \log \prod_{i=1}^{N} P(x_i \mid \theta)$$

$$= \underset{\theta}{\mathrm{argmax}} \sum_{i=1}^{N} \log P(x_i \mid \theta)$$

代入在高斯混合模型中定义的概率密度公式:

$$\hat{\theta} = \underset{\theta}{\mathrm{argmax}} \sum_{i=1}^{N} \log \sum_{k=1}^{K} p_k N(x_i \mid \mu_k, \Sigma_k)$$

如果想用极大似然估计求参数的解析解, 就需要用 $\sum_{i=1}^{N} \log$

$\sum_{k=1}^{K} p_k N(x_i \mid \mu_k, \Sigma_k)$ 对参数 p_k, μ_k, Σ_k 分别求偏导, 然而问题来了, 这

个式子的 log 运算符中有加号，求偏导会非常复杂，通过直接求导的方式获取极大似然估计值是极不现实的。

那么怎么办？解析解求不出来，我们就想到了 EM 算法，用数值解的方法不断迭代，探索出使得 $\log P(X \mid \theta)$ 取得最大值的参数。

3.8　高斯混合模型的参数求解

这一节，我们学习如何利用 EM 迭代算法求解高斯混合模型的参数，并利用 Python 第三方库进行工程上的实践。

3.8.1　利用 EM 迭代模型参数的思路

这一节，我们来介绍如何利用 EM 算法，迭代求取高斯混合模型的参数，对于迭代公式，令：

样本的观测数据集为 $X = (x_1, x_2, \cdots, x_N)$，隐变量集对应为 $Z = (z_1, z_2, \cdots, z_N)$，参数为 $\theta = (p_1, p_2, \cdots, p_K, \mu_1, \mu_2, \cdots, \mu_K, \Sigma_1, \Sigma_2, \cdots, \Sigma_K)$；

迭代公式为 $\theta^{(t+1)} = \underset{\theta}{\arg\max} \int_Z P(Z \mid X, \theta^{(t)}) \log P(X, Z \mid \theta) \mathrm{d}Z$。

我们令：$Q(\theta, \theta^{(t)}) = \int_Z P(Z \mid X, \theta^{(t)}) \log P(X, Z \mid \theta) \mathrm{d}Z$。

由于 Z 是离散型变量，包含了 N 个样本 $(z_1, z_2, \cdots, z_N)$，因此迭代公式进一步转化为

$$Q(\theta, \theta^{(t)}) = \int_Z P(Z \mid X, \theta^{(t)}) \log P(X, Z \mid \theta) \mathrm{d}Z$$

$$= \sum_Z \left[\prod_{i=1}^{N} P(z_i \mid x_i, \theta^{(t)}) \log \prod_{i=1}^{N} P(x_i, z_i \mid \theta) \right]$$

$$= \sum_{z_1,z_2,\ldots,z_N} \left[\prod_{i=1}^{N} P(z_i \mid x_i,\theta^{(t)}) \sum_{i=1}^{N} \log P(x_i,z_i \mid \theta) \right]$$

$$= \sum_{z_1,z_2,\ldots,z_N} \left\{ \prod_{i=1}^{N} P(z_i \mid x_i,\theta^{(t)})[\log P(x_1,z_1 \mid \theta) + \log P(x_2,z_2 \mid \theta) \right.$$

$$\left. + \cdots + \log P(x_N,z_N \mid \theta)] \right\}$$

这就有点复杂了，我们任取其中一项进行分析，看看能否化简：

$$\sum_{z_1,z_2,\ldots,z_N} \left[\log P(x_1,z_1 \mid \theta) \prod_{i=1}^{N} P(z_i \mid x_i,\theta^{(t)}) \right]$$

$$= \sum_{z_1,z_2,\ldots,z_N} \left[\log P(x_1,z_1 \mid \theta) P(z_1 \mid x_1,\theta^{(t)}) \prod_{i=2}^{N} P(z_i \mid x_i,\theta^{(t)}) \right]$$

我们知道有这么一条性质：$\sum \sum x_i y_i = \sum x_i \sum y_i$。

因此上式进一步化简为

$$\sum_{z_1,z_2,\ldots,z_N} \left[\log P(x_1,z_1 \mid \theta) P(z_1 \mid x_1,\theta^{(t)}) \prod_{i=2}^{N} P(z_i \mid x_i,\theta^{(t)}) \right]$$

$$= \sum_{z_1,z_2,\ldots,z_N} [\log P(x_1,z_1 \mid \theta) P(z_1 \mid x_1,\theta^{(t)})] \sum_{z_1,z_2,\ldots,z_N} \prod_{i=2}^{N} P(z_i \mid x_i,\theta^{(t)})$$

$$= \sum_{z_1} [\log P(x_1,z_1 \mid \theta) P(z_1 \mid x_1,\theta^{(t)})] \sum_{z_2,\ldots,z_N} \prod_{i=2}^{N} P(z_i \mid x_i,\theta^{(t)})$$

上式最后一步是依据各个求和等式中的有关项和无关项，化简了求和公式的下标。我们单独看后面一部分：

$$\sum_{z_2,\ldots,z_N} \prod_{i=2}^{N} P(z_i \mid x_i,\theta^{(t)})$$

$$= \sum_{z_2,\dots,z_N} P(z_2 \mid x_2,\theta^{(t)})P(z_3 \mid x_3,\theta^{(t)})P(z_4 \mid x_4,\theta^{(t)})\dots P(z_N \mid x_N,\theta^{(t)})$$

$$= \sum_{z_2} P(z_2 \mid x_2,\theta^{(t)})\sum_{z_3} P(z_3 \mid x_3,\theta^{(t)})\dots\sum_{z_N} P(z_N \mid x_N,\theta^{(t)})$$

对于其中任意一项，由于 z_i 取遍所有的值，根据概率加和为 1 的基本定理，则有：

$$\sum_{z_i} P(z_i \mid x_i,\theta^{(t)}) = 1 \Rightarrow \sum_{z_2,\dots,z_N}\prod_{i=2}^{N}P(z_i \mid x_i,\theta^{(t)}) = 1$$

所以：

$$\sum_{z_1,z_2,\dots,z_N}\left[\log P(x_1,z_1 \mid \theta)\prod_{i=1}^{N}P(z_i \mid x_i,\theta^{(t)})\right]$$

$$= \sum_{z_1}[\log P(x_1,z_1 \mid \theta)P(z_1 \mid x_1,\theta^{(t)})]\sum_{z_2,\dots,z_N}\prod_{i=2}^{N}P(z_i \mid x_i,\theta^{(t)})$$

$$= \sum_{z_1}\log P(x_1,z_1 \mid \theta)P(z_1 \mid x_1,\theta^{(t)})$$

这只是其中一项，那我们把所有项都类比地考虑进来，就能得到 $Q(\theta,\theta^{(t)})$ 最终的化简形式：

$$Q(\theta,\theta^{(t)}) = \int_Z P(Z \mid X,\theta^{(t)})\log P(X,Z \mid \theta)\mathrm{d}Z$$

$$= \sum_Z\left[\prod_{i=1}^{N}P(z_i \mid x_i,\theta^{(t)})\log\prod_{i=1}^{N}P(x_i,z_i \mid \theta)\right]$$

$$= \sum_{z_1,z_2,\dots,z_N}\left[\prod_{i=1}^{N}P(z_i \mid x_i,\theta^{(t)})\sum_{i=1}^{N}\log P(x_i,z_i \mid \theta)\right]$$

$$= \sum_{z_1,z_2,\dots,z_N}\left\{\prod_{i=1}^{N}P(z_i \mid x_i,\theta^{(t)})[\log P(x_1,z_1 \mid \theta)\right.$$

$$+\log P(x_2,z_2\,|\,\theta)+...+\log P(x_N,z_N\,|\,\theta)]\Bigg\}$$

$$=\sum_{i=1}^{N}\sum_{z_i}[\log P(x_i,z_i\,|\,\theta)P(z_i\,|\,x_i,\theta^{(t)})]$$

去掉中间推导过程，我们再重点看一下最终的结果：

$$Q\Big(\theta,\theta^{(t)}\Big)=\sum_{i=1}^{N}\sum_{z_i}[\log P(x_i,z_i\,|\,\theta)P(z_i\,|\,x_i,\theta^{(t)})]$$

那么具体的 $P(x_i,z_i\,|\,\theta)$ 和 $P(z_i\,|\,x_i,\theta^{(t)})$ 应该表示成什么样呢？

$$P(x\,|\,\theta)=\sum_{k=1}^{K}p_k N(x\,|\,\mu_k,\Sigma_k)$$

$P(x,z\,|\,\theta)=P(z\,|\,\theta)P(x\,|\,z,\theta)=p_z N(x\,|\,\mu_z,\Sigma_z)$ ， z 表示取第几个高斯分布。

$$P(z\,|\,x,\theta)=\frac{P(x,z\,|\,\theta)}{P(x\,|\,\theta)}=\frac{p_z N(x\,|\,\mu_z,\Sigma_z)}{\sum_{k=1}^{K}p_k N(x\,|\,\mu_k,\Sigma_k)}$$

最终代入迭代公式中：

$$Q\Big(\theta,\theta^{(t)}\Big)=\sum_{i=1}^{N}\sum_{z_i}[\log P(x_i,z_i\,|\,\theta)P(z_i\,|\,x_i,\theta^{(t)})]$$

$$=\sum_{i=1}^{N}\sum_{z_i}\log[p_{z_i}N(x_i\,|\,\mu_{z_i},\Sigma_{z_i})]\frac{p_{z_i}^{(t)}N(x_i\,|\,\mu_{z_i}^{(t)},\Sigma_{z_i}^{(t)})}{\sum_{k=1}^{K}p_k^{(t)}N(x_i\,|\,\mu_k^{(t)},\Sigma_k^{(t)})}$$

这就是在第 t 轮向第 $t+1$ 轮迭代的 E 步，所有带上标 (t) 的参数都是已知的，是上一轮迭代出来的结果。为了书写方便，我们还是简记

作 $P(z_i \mid x_i, \theta^{(t)}) = \dfrac{p_{z_i}^{(t)} N(x_i \mid \mu_{z_i}^{(t)}, \Sigma_{z_i}^{(t)})}{\sum\limits_{k=1}^{K} p_k^{(t)} N(x_i \mid \mu_k^{(t)}, \Sigma_k^{(t)})}$ 。

最终我们得到了 E 步的表达式：

$$Q(\theta, \theta^{(t)}) = \sum_{i=1}^{N} \sum_{z_i} \log[p_{z_i} N(x_i \mid \mu_{z_i}, \Sigma_{z_i})] P(z_i \mid x_i, \theta^{(t)})$$

$$= \sum_{z_i} \sum_{i=1}^{N} \log[p_{z_i} N(x_i \mid \mu_{z_i}, \Sigma_{z_i})] P(z_i \mid x_i, \theta^{(t)})$$

$$= \sum_{k=1}^{K} \sum_{i=1}^{N} \log[p_k N(x_i \mid \mu_k, \Sigma_k)] p(z_i = C_k \mid x_i, \theta^{(t)})$$

$$= \sum_{k=1}^{K} \sum_{i=1}^{N} [\log p_k + \log N(x_i \mid \mu_k, \Sigma_k)] p(z_i = C_k \mid x_i, \theta^{(t)})$$

倒数第二步就是把 z_i 取遍所有取值 $(C_1, C_2, ..., C_K)$ 换了一种写法，本质没有变化。

完成了 E 步，下一步就是 M 步。

目标是求使得 $Q(\theta, \theta^{(t)}) = \sum\limits_{k=1}^{K} \sum\limits_{i=1}^{N} [\log p_k + \log N(x_i \mid \mu_k, \Sigma_k)] p(z_i = C_k \mid x_i, \theta^{(t)})$ 取值达到最大的参数 θ ，作为 $\theta^{(t+1)}$ 的取值，具体化就是 $p_k^{(t+1)}, \mu_k^{(t+1)}, \Sigma_k^{(t+1)}$ 。

3.8.2   参数估计示例

这里以参数 p_k 的估计举例说明，我们可以从中明白手工计算的过程，实际上这个过程还是非常复杂的。

首先我们要明确一点：p_k 中的下标 k 是一个变量，p_k 指代了 $(p_1, p_2, p_3, \cdots, p_K)$ 中的任意一个，K 对应的是高斯混合模型中高斯分布的个数。

$$p_k^{(t+1)} = \underset{p_k}{\operatorname{argmax}} \sum_{k=1}^{K} \sum_{i=1}^{N} [\log p_k + \log N(x_i \mid \mu_k, \Sigma_k)] p(z_i = C_k \mid x_i, \theta^{(t)})$$

我们简化一下上述公式，$\log N(x_i \mid \mu_k, \Sigma_k)$ 和待估计参数 p_k 无关，因此可以略去：

$$p_k^{(t+1)} = \underset{p_k}{\operatorname{argmax}} \sum_{k=1}^{K} \sum_{i=1}^{N} [\log p_k + \log N(x_i \mid \mu_k, \Sigma_k)] p(z_i = C_k \mid x_i, \theta^{(t)})$$

$$= \underset{p_k}{\operatorname{argmax}} \sum_{k=1}^{K} \sum_{i=1}^{N} (\log p_k) p(z_i = C_k \mid x_i, \theta^{(t)})$$

而这里的求最值问题是一个带约束的优化问题：$\sum_{k=1}^{K} p_k = 1$。

这个带约束的优化问题就可以用我们熟悉的拉格朗日乘子法来实现：

$$l(p, \lambda) = \sum_{k=1}^{K} \sum_{i=1}^{N} (\log p_k) p(z_i = C_k \mid x_i, \theta^{(t)}) + \lambda \left(\sum_{k=1}^{K} p_k - 1 \right)$$

在 $\dfrac{\partial}{\partial p_k} l(p, \lambda)$ 的求导运算中，我们逐一求取每一个 p_k 的偏导数和最值，而 $l(p, \lambda)$ 里包含的是所有的 p_k：$(p_1, p_2, \ldots, p_K)$，比如我们求 p_3 的偏导，那么其他的 $(p_1, p_2, p_4, p_5, \ldots, p_K)$ 就都与 p_3 的求导运算无关，因此：

$$\frac{\partial}{\partial p_k} \sum_{k=1}^{K} \sum_{i=1}^{N} (\log p_k) p(z_i = C_k \mid x_i, \theta^{(t)}) + \lambda \left(\sum_{k=1}^{K} p_k - 1 \right)$$

$$= \frac{\partial}{\partial p_k} \sum_{i=1}^{N} (\log p_k) p(z_i = C_k \mid x_i, \theta^{(t)}) + \lambda (p_k - 1) = 0$$

$$\Rightarrow \sum_{i=1}^{N} \frac{1}{p_k} p(z_i = C_k \mid x_i, \theta^{(t)}) + \lambda = 0$$

$$\Rightarrow \sum_{i=1}^{N} p(z_i = C_k \mid x_i, \theta^{(t)}) + p_k \lambda = 0$$

这里我们再次施加一点运算技巧，对加号两边的部分同时加上 $\sum_{k=1}^{K}$ 求和运算：

$$\sum_{i=1}^{N} \sum_{k=1}^{K} p(z_i = C_k \mid x_i, \theta^{(t)}) + \sum_{k=1}^{K} p_k \lambda = 0$$

这里就初现端倪了，首先，$\sum_{k=1}^{K} p_k = 1$。

同时对于 $\sum_{k=1}^{K} p(z_i = C_k \mid x_i, \theta^{(t)})$ 而言，z_i 也是取遍了所有的 K 个高斯分布，因此：

$$\sum_{k=1}^{K} p(z_i = C_k \mid x_i, \theta^{(t)}) = 1$$

$$\sum_{i=1}^{N} \sum_{k=1}^{K} p(z_i = C_k \mid x_i, \theta^{(t)}) + \sum_{k=1}^{K} p_k \lambda = 0$$

$$\Rightarrow \sum_{i=1}^{N} 1 + \lambda = 0 \Rightarrow N + \lambda = 0 \Rightarrow \lambda = -N$$

将 $\lambda = -N$ 带入 $\sum_{i=1}^{N} p(z_i = C_k \mid x_i, \theta^{(t)}) + p_k \lambda = 0$，最终我们得到了 $p_k^{(t+1)}$ 的估计值：

$$p_k^{(t+1)} = \frac{1}{N} \sum_{i=1}^{N} p(z_i = C_k \mid x_i, \theta^{(t)})$$

其中：$P(z_i \mid x_i, \theta^{(t)}) = \dfrac{p_{z_i}^{(t)} N(x_i \mid \mu_{z_i}^{(t)}, \Sigma_{z_i}^{(t)})}{\sum\limits_{k=1}^{K} p_k^{(t)} N(x_i \mid \mu_k^{(t)}, \Sigma_k^{(t)})}$ 。

剩下的参数 μ 和 Σ 就不这样一步步推导了，方法也是分别对 μ_k 和 Σ_k 求偏导，而且没有约束条件。不过过程确实比较复杂，我们以 p_k 参数迭代估计的过程为例进行推导，目的是让大家在高斯混合模型的背景下，进一步了解 EM 算法的精髓。

这里，我们直接给出 $\mu_k^{(t+1)}$ 和 $\Sigma_k^{(t+1)}$ 的迭代公式：

$$\begin{cases} \mu_k^{(t+1)} = \dfrac{\sum\limits_{i=1}^{N} P(z_i = C_k \mid x_i, \theta^{(t)}) x_i}{\sum\limits_{i=1}^{N} P(z_i = C_k \mid x_i, \theta^{(t)})} \\[4ex] \Sigma_k^{(t+1)} = \dfrac{\sum\limits_{i=1}^{N} P(z_i = C_k \mid x_i, \theta^{(t)})(x_i - \mu_k^{(t)})(x_i - \mu_k^{(t)})^{\mathrm{T}}}{\sum\limits_{i=1}^{N} P(z_i = C_k \mid x_i, \theta^{(t)})} \end{cases}$$

有了这 3 组参数的迭代公式，我们在初始值的基础上，不断迭代就能成功收敛到实际的参数。实际工作中我们不用这样手推，有第三方库能够帮忙完成所有参数的估计。

3.8.3　高斯混合模型的应用场景

在展示 Python 代码之前，大家可能有个疑问，我们用了两节篇幅，利用高斯混合模型描述样本点的分布情况，又成功利用 EM 迭代的方法，迭代求取模型的参数，是想做什么呢？

当我们获取了这个高斯混合模型的所有参数之后，就可以求出每个样本属于哪一类，也就是属于哪一个高斯分布。思路和软分类问题是一样的，分别计算样本属于 K 个高斯分布的概率，然后选择概率值最高的高斯分布作为分类。

则样本 x_i 属于第 k 个高斯分布的概率如下。

$$P(z_i = C_k \mid x_i) = \frac{P(z_i = C_k)P(x_i \mid z_i = C_k)}{P(x_i)}$$

$$\propto P(z_i = C_k)P(x_i \mid z_i = C_k) = p_k N(x_i \mid \mu_k, \Sigma_k)$$

这相当于样本 x_i 对于高斯混合模型中的每一个高斯分布，都能计算出一个概率值，那么，哪一个高斯分布的概率最大，这个样本就属于哪一个高斯分布，也就是说属于哪一个类别。

接下来我们利用 Python 的第三方库来处理高斯混合模型，详见代码清单 3-9，实验图如图 3-11 所示。

代码清单 3-9　高斯混合模型的代码演示

```python
import matplotlib.pyplot as plt
from sklearn.mixture import GaussianMixture
from sklearn.datasets.samples_generator import make_blobs

#产生并绘制实验数据
X, y_true = make_blobs(n_samples=1000, centers=4)
fig, ax = plt.subplots(1,2,sharey='row')
ax[0].scatter(X[:, 0], X[:, 1], s=5, alpha=0.5)
ax[0].grid(ls='--')

#高斯混合模型拟合样本
gmm = GaussianMixture(n_components=4)
gmm.fit(X)
```

```python
print('各分布的权重: ')
print(gmm.weights_)
print('各分布的均值: ')
print(gmm.means_)
print('各分布的协方差矩阵: ')
print(gmm.covariances_)

print('样本点属于每个分布的概率 (取前 10 个): ')
print(gmm.predict_proba(X)[:10].round(5))

#通过 GMM 模型推测每个样本所属的类别
labels = gmm.predict(X)
print('每个样本点所属的类别: ')
print(labels)
#不同的类别标记为不同的颜色
ax[1].scatter(X[:, 0], X[:, 1], s=5, alpha=0.5,
                        c=labels, cmap='viridis')
ax[1].grid(ls='--')
plt.show()
```

运行结果如下。

```
各分布的权重:
[0.24909247 0.25043079 0.24986485 0.25061189]
各分布的均值:
[[ 1.62591369  4.02528152]
 [-8.76246937 -3.65987558]
 [-3.79046582  0.46225212]
 [ 6.36616864  1.3931266 ]]
各分布的协方差矩阵:
[[[ 0.93084745 -0.0057908 ]
  [-0.0057908   0.90813601]]

 [[ 0.98659553  0.07659909]
  [ 0.07659909  1.12850372]]

 [[ 1.09609964 -0.09209655]
```

```
    [-0.09209655  0.94863559]]


  [[ 1.06616528  0.08941684]
   [ 0.08941684  1.04689051]]]
```
样本点属于每个分布的概率（取前 10 个）：

```
[[0.0000e+00 1.0000e+00 0.0000e+00 0.0000e+00]
 [0.0000e+00 0.0000e+00 1.0000e+00 0.0000e+00]
 [0.0000e+00 1.0000e+00 0.0000e+00 0.0000e+00]
 [9.9986e-01 0.0000e+00 0.0000e+00 1.4000e-04]
 [0.0000e+00 0.0000e+00 1.0000e+00 0.0000e+00]
 [1.0000e+00 0.0000e+00 0.0000e+00 0.0000e+00]
 [0.0000e+00 1.0000e+00 0.0000e+00 0.0000e+00]
 [1.0000e+00 0.0000e+00 0.0000e+00 0.0000e+00]
 [0.0000e+00 0.0000e+00 1.0000e+00 0.0000e+00]
 [1.2090e-01 0.0000e+00 0.0000e+00 8.7910e-01]]
```
每个样本点所属的类别：

```
 [1 2 1 0 2 0 1 0 2 3 2 2 1 1 1 1 1 0 3 1 0 0 1 2 2 3 2 2
1 3 0 3 0 3 0 1 1
 1 1 1 1 0 1 0 3 1 1 2 3 1 0 3 3 1 1 0 3 3 0 0 3 3 0 1 1
0 2 1 2 2 2 2 1 1
 0 1 3 1 3 1 1 0 0 1 1 0 2 3 2 2 2 2 1 3 2 2 3 0 2 2 1
3 1 3 2 2 0 1 0 1
 2 1 0 3 2 2 2 1 3 2 1 1 0 2 2 3 2 2 3 0 0 1 0 3 0 0 1 2
1 0 1 0 1 3 1 3 0
 2 3 2 3 2 1 0 1 3 3 3 3 2 1 2 3 3 3 2 2 0 2 2 3 0 0 1
2 0 1 2 3 0 1 0 3
 2 1 0 3 1 3 0 0 2 2 3 1 2 3 2 0 3 1 0 1 0 2 2 2 2 1 1 1
2 3 3 2 0 2 3 1 3
 2 1 3 1 1 2 3 2 0 1 3 2 0 1 0 0 0 0 2 1 3 1 2 0 3 0 3 1
3 2 0 1 3 1 3 1 3
 3 2 1 0 1 2 3 2 0 1 0 1 1 3 0 2 1 1 0 1 1 1 3 0 2 1 2
2 1 2 2 3 3 2 3 1
 3 3 3 3 1 2 2 2 0 3 1 0 3 2 2 0 0 1 0 3 1 0 2 1 3 3 3 3
3 0 3 0 0 2 3 1 0
 3 3 2 0 0 0 1 0 1 3 1 0 1 2 2 2 3 1 3 3 0 2 0 1 2 3 3 0
0 2 2 0 0 0 0 3 1
 3 3 3 2 2 2 2 1 2 0 1 3 1 0 2 1 3 2 1 1 1 2 0 2 0 3 3 3
2 1 1 3 1 3 3 3 1
 2 2 2 1 0 3 0 2 2 0 2 1 0 0 3 2 0 3 2 0 0 3 2 3 3 0 1 2
0 2 3 2 1 0 0 0 3
```

```
   0 3 3 3 3 2 3 0 1 1 3 3 1 2 2 3 1 3 3 3 3 1 1 1 2 3 0 1
0 0 2 3 1 2 0 0 1
   2 2 1 3 1 3 3 0 2 1 0 3 2 2 0 2 1 2 1 0 2 2 2 0 0 1 3 2
1 0 0 3 3 2 0 2 3
   3 1 3 3 2 3 0 3 2 2 2 1 1 0 1 1 0 2 3 0 0 2 3 1 2 3 0 3
2 1 0 2 3 2 2 1 0
   0 2 0 3 3 2 0 0 0 2 2 2 0 3 2 2 2 1 2 0 3 3 3 1 2 2 0 0
1 0 3 0 1 3 1 0 2
   0 1 3 1 3 3 2 1 1 1 1 2 2 2 3 0 3 2 1 3 1 3 1 2 0 1 1 3
3 1 0 3 0 3 3 0 3
   2 0 1 0 0 0 0 1 0 3 0 2 2 2 2 3 3 2 3 2 2 3 1 0 3 3 3 0
3 3 1 1 3 3 3 1 0
   1 2 1 2 2 0 1 1 1 1 2 0 3 1 3 1 1 2 1 1 2 2 1 0 2 0 1 1 0
2 2 0 2 1 0 0 0 1
   0 0 2 3 0 1 0 1 3 2 0 1 2 2 1 0 0 1 0 1 0 0 1 1 2 2 2 1
2 1 1 2 0 0 3 1 2
   3 3 1 0 0 2 0 0 0 2 1 0 3 1 0 3 3 1 2 2 0 2 3 0 3 2 0 2
1 0 2 2 1 3 3 0 2
   3 1 3 1 3 3 1 3 0 1 3 3 0 0 2 3 1 0 1 1 0 0 3 0 2 0 3 3
2 0 3 3 0 3 0 1 1
   2 3 1 1 3 2 3 2 1 2 3 2 3 2 3 0 0 1 2 2 3 1 3 0 2 1
3 1 1 0 2 1 3 2 2
   3 3 3 0 2 3 3 1 2 0 3 0 3 0 2 3 3 3 3 3 3 2 1 2 3 3 1 0 0
2 1 1 3 3 2 3 2 0
   1 0 0 0 1 1 3 1 2 3 1 2 2 1 3 3 3 3 1 2 2 3 0 2 1 1 1 3
1 1 0 0 0 1 3 2 0
   0 0 0 3 1 0 1 0 1 0 2 0 0 3 1 2 0 2 1 0 1 0 0 2 3 1 0 0 2
0 1 3 0 0 0 3 3 2
   0 2 0 1 0 3 3 2 0 0 0 2 3 1 2 0 2 2 1 2 2 0 1 2 1 0 1 0
2 2 3 2 0 2 1 0 1
   0]
```

我们简单解读一下代码。

1）利用 sklearn 提供的方法，生成一些样本数据，我们发现应该用由 4 个高斯分布组成的高斯混合模型去描述这个数据分布。

2）通过指定参数为 4 个高斯分布的高斯混合模型去拟合这些样本，分别打印出这 4 个分布各自的权重、均值和协方差矩阵。

3）列出前 10 个样本点基于高斯混合模型判定其属于各个高斯分布的概率，哪个分布的概率最大，就判定样本属于哪个高斯分布，最终打印出我们推测出的所有样本点的类别，并依据类别通过不同的颜色对其进行可视化。

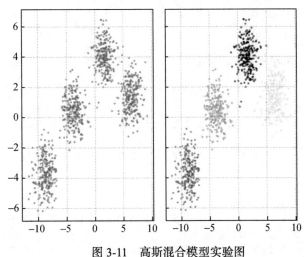

图 3-11   高斯混合模型实验图

第 4 章

随机过程：聚焦动态特征

这一章重点介绍随机过程的有关内容。随机过程是一组有限或无限的随机变量序列，从这一章开始，我们的讨论范围由静态过渡到动态。我们将利用蒙特卡罗方法模拟一些生活中耳熟能详的随机过程实例，以便快速产生感性认识。随后我们将介绍马尔可夫过程，细致分析马尔可夫链的模型三要素以及相关的概率计算方法，重点聚焦马尔可夫链的极限与稳态性质。在此基础上我们进一步深入学习，在马尔可夫链中引入隐状态，引出概率图模型中的典型案例：隐马尔可夫模型，带领大家一步步熟悉和掌握隐马尔可夫模型的概率估计和状态解码等核心问题，最后我们还会介绍另一种形态的随机过程——高斯过程，作为本章知识的拓展。

4.1 由静向动：随机过程导引

从本节开始，我们进入随机过程的学习。简单地说，随机过程就是一串随机变量的序列，在这个序列当中，每一个数据都可以被看作一个随机变量，因此我们在随机过程的概率模型处理中，重点关注时间和数据这两方面的内容。也可以这样说，随机过程就是一串有限或无限的随机变量序列。

常见的随机过程建模场景数不胜数，比如，世界杯足球赛中每场比赛进球数构成的序列、沪深 300 指数每日收盘价构成的序列、每分钟通过某十字路口的车辆数量构成的序列，等等，可以说随机过程已融入我们生活的方方面面。

4.1.1 随机过程场景举例 1：博彩

说了这么多，大家肯定感觉很抽象，我们来看几个实际的场景，并用随机过程对其进行建模，同时运用蒙特卡罗方法对其过程进行展现。

我们首先来看博彩中的随机过程，尽量细致深入地挖掘其中的内涵。

玩家和庄家对赌抛硬币，如果结果为正面向上，本轮玩家赢，庄家付给玩家 1 元；如果结果为反面向上，本轮玩家输，玩家付给庄家 1 元。玩家有初始本金 10 元，手上的钱一旦输光则退出游戏，那么该如何来模拟这个博彩过程呢？

我们来分析一下这个过程，博彩的本质是依托于每次抛掷硬币的结果，每一轮游戏就是一个伯努利试验，赢的概率是 $p = 0.5$。博彩的过程就是由这一串伯努利试验构成的随机过程，每轮游戏中，玩家如果赢则本金增加 1 元，输则本金减少 1 元。

当然，如果对某一个特定的玩家，一旦开始进入游戏，则每轮游戏的结果构成的序列就是唯一的。那么我们如何观察游戏过程的整体特征呢？还是使用之前讲过的蒙特卡罗方法，通过采集大量样本，观察样本结果的整体特征。

这里，我们为了说明问题，先采用的样本数也就是玩家数为 10 个，轮数为 100 轮，也就是每个玩家最多和庄家进行 100 轮游戏，如果在这个过程中输光了本金，则提前退出，如果到 100 轮还有本金，游戏也停止，如代码清单 4-1 所示。

代码清单 4-1　博彩过程的代码模拟

```
import pandas as pd
```

```python
import random

sample_list = []
round_num = 100
person_num = 10
for person in range(1, person_num + 1):
    money = 10
    for round in range(1, round_num + 1):
        result = random.randint(0, 1)
        if result == 1:
            money = money + 1
        elif result == 0:
            money = money - 1
        if money == 0:
            break
    sample_list.append([person, round, money])

sample_df = pd.DataFrame(sample_list, columns=
            ['person', 'round', 'money'])
sample_df.set_index('person',inplace=True)

print(sample_df)
```

运行结果如下。

	round	money
person		
1	64	0
2	100	14
3	90	0
4	100	16
5	88	0
6	100	14
7	100	6
8	78	0
9	52	0
10	18	0

我们简单分析一下代码和运行结果，其实这段代码中最核心的部

分就是:

```
result = random.randint(0, 1)
```

在每轮游戏中, 我们首先在 0 和 1 当中等概率选取一个数作为随机变量, 这一步模拟的是抛掷硬币的过程, 当结果为 1 时表示硬币正面向上, 本轮玩家赢庄家 1 元; 结果为 0 则表示硬币反面向上, 本轮玩家输庄家 1 元。这里设定的是每个玩家最多玩 100 轮, 如果不到 100 轮就输光了本金, 则退场, 这样就模拟了整个博彩的随机过程。

从运行结果来看, 10 个玩家中有 6 个提前输光本金退场, 剩下 4 个打满全场的人中, 有 3 个是挣钱的, 有 1 个是亏钱的。

当然, 我们这里为了打印出所有的结果, 所以样本数选择的比较少。蒙特卡罗方法讲求大的样本量, 我们把样本数和轮数都修改一下, 并且统计一些指标, 把玩家的总人数设置为 1 000 000, 轮数设置为 10 000 (我们也可以在程序中分别将轮数修改为 100、1000、10 000 并进行对比观察), 来观察样本总体的表现, 如代码清单 4-2 所示。

代码清单4-2　博彩案例扩展的代码模拟

```
import pandas as pd
import random

sample_list = []
person_num = 100000
round_num = 100 #可以对轮数进行修改
for person in range(1, person_num + 1):
    money = 10
    for round in range(1, round_num + 1):
        result = random.randint(0, 1)
        if result == 1:
            money = money + 1
        elif result == 0:
            money = money - 1
        if money == 0:
```

```
            break
      sample_list.append([person, round, money])
sample_df = pd.DataFrame(sample_list, columns=
            ['person', 'round', 'money'])
sample_df.set_index('person',inplace=True)

quit_num = person_num-len(sample_df[sample_df
         ['round']==round_num])
earning_num = len(sample_df[sample_df['money']>10])
loss_num = len(sample_df[sample_df['round']
         ==round_num])- earning_num

print("总轮数:{},总人数:{}".format(round_num,
      person_num))
print("输光本金提前出局的人数:{}".format(quit_num))
print("打满全场且盈利的人数:{}".format(earning_num))
print("打满全场且亏损的人数:{}".format(loss_num))
```

运行结果如下。

```
总轮数:100,总人数:100000
输光本金提前出局的人数:31285
打满全场且盈利的人数:44538
打满全场且亏损的人数:24177
总轮数:1000,总人数:100000
输光本金提前出局的人数:75218
打满全场且盈利的人数:23402
打满全场且亏损的人数:1380
总轮数:10000,总人数:100000
输光本金提前出局的人数:92017
打满全场且盈利的人数:7931
打满全场且亏损的人数:52
```

　　从结果中不难发现，这种和庄家 1:1 的对赌，随着轮数的增加，玩家基本上都破产被收割了。换句话说，哪怕庄家不作弊，玩家和庄家输赢概率各半，玩得久了，玩家也会输光破产走人，原因是什么？

原因是庄家的资金量是无穷的。

4.1.2　随机过程场景举例 2：股价的变化

股市也是一个典型的随机过程场景，在金融工程中有这样一个公式，利用目前的股价 S_t 去预测 Δt 时间之后的股价 S_{t+1}：

$$S_{t+1} = S_t + \hat{\mu}S_t\Delta t + \sigma S_t \varepsilon \sqrt{\Delta t}$$

下面解释一下其中的参数：

$\hat{\mu}$ 表示股票收益率的期望值，这里我们设定为 15%，即 $\hat{\mu} = 0.15$；

σ 表示股票的波动率，这里设定为 $\sigma = 0.2$；

$\Delta t = \dfrac{T}{n}$，其中 T 表示整数年份，n 表示在整个估算周期内取的步数，例如 T 为 1 年，n 如果取 244，那么 Δt 的粒度就是每个交易日了（一年有 244 个交易日）。

这里面除了 ε 之外，其他参数都是确定的。ε 是一个服从标准正态分布的随机变量，正是这个 ε，决定了每日的股价 S_i 是一个随机变量，而由股价构成的序列是一个随机过程。

我们同样用蒙特卡罗方法，利用大样本来估计在股价 $S_0 = 10$ 的情况下，1 年之后股价的概率分布情况，如代码清单 4-3 所示。

代码清单 4-3　股价的概率分布情况模拟

```
import scipy
import matplotlib.pyplot as plt
from math import sqrt

s0 = 10.0
T = 1.0
n = 244 * T
mu = 0.15
```

```
sigma = 0.2
n_simulation = 10000

dt = T/n
s_array = []

for i in range(n_simulation):
    s = s0
    for j in range(int(n)):
        e = scipy.random.normal()
        s = s+mu*s*dt+sigma*s*e*sqrt(dt)
    s_array.append(s)

plt.hist(s_array, alpha=0.6, bins=30, density=True,
         edgecolor='k')
plt.grid(ls='--')
plt.show()
```

运行结果如图 4-1 所示。

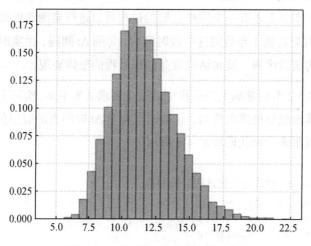

图 4-1　一年之后的股价分布情况

我们模拟了 10 000 个经过上述随机过程的样本，并展示了在一年之后，这些样本的股价分布情况。

这个模拟过程的核心如下。

```
e = scipy.random.normal()
s = s+mu*s*dt+sigma*s*e*sqrt(dt)
```

每一轮 Δt ，我们都生成一个服从标准正态分布的随机变量 ε ，并且不断通过递推公式 $S_{t+1} = S_t + \hat{\mu}S_t\Delta t + \sigma S_t\varepsilon\sqrt{\Delta t}$ 迭代出下一个时间点的股价，循环往复直到生成一年后的最终股价，这样就模拟出了一年内股价随机变量序列构成的随机过程。

本节我们采用蒙特卡罗方法，设置大样本量（这里设置 10 000 个样本），最终迭代出 10 000 个样本各自对应的一年后股价，然后用柱状图表示总体分布特征。

4.1.3　随机过程场景举例 3：股价变化过程的展现

4.1.2 节分析的是这 10 000 个样本在一年之后最终股价的整体分布情况，实际上还有一个同样重要的过程可以进行监测和展现，那就是从 T_0 时刻起到 1 年后的这一段时间内，每隔 Δt 间隔，由实时价格随机变量构成的序列，换句话说就是随机过程的整体展现。

在 4.1.2 节的基础上进一步完成这个需求其实不难，实际上就是不光要计算出股票最终的价格，还要记录每个 Δt 时间点的股票价格，并把它展现出来，如代码清单 4-4 所示。

代码清单 4-4　股价的变化过程情况模拟

```
import scipy
import matplotlib.pyplot as plt
from math import sqrt
import numpy as np

s0 = 10.0
T = 1.0
n = 244 * T
```

```
mu = 0.15
sigma = 0.2
n_simulation = 100

dt = T/n
random_series = np.zeros(int(n), dtype=float)
x = range(0, int(n))

for i in range(n_simulation):
    random_series[0] = s0
    for j in range(1,int(n)):
        e = scipy.random.normal()
        random_series[j] = random_series[j-1]+mu*
          random_series[j-1]*dt\+sigma*random_series
          [j-1]*e*sqrt(dt)

    plt.plot(x, random_series)

plt.grid(ls='--')
plt.show()
```

运行结果如图 4-2 所示。

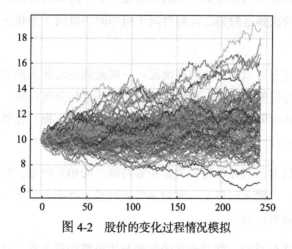

图 4-2　股价的变化过程情况模拟

这里我们清晰地展现出了由 244 个 Δt 时间点的股价数据所构成

的序列，这是随着时间变化的随机过程。我们为了从整体上把握分布特征，设定了 100 个样本，因此模拟出了 100 条价格曲线。

图 4-2 的模拟图表面上看起来比较凌乱，实际上可以从整体上发现许多端倪，例如股价在运行过程中的整体分布区间、上下界、集中程度等，通过观察图 4-2 都可以有一个整体的把握。

因此我们不仅可以得到最终股价的分布，也可以掌握股价运行变化的完整价格路径。这个价格路径代表了蒙特卡罗方法的精髓，通过这个价格路径的可视化呈现，我们可以更加直观地从宏观上把握随机过程。

4.1.4 两类重要的随机过程概述

随机过程的种类非常多，应用也非常广，下面我们回归到经典的模型中来。有两类重要且常用的随机过程：到达过程和马尔可夫过程。

到达过程关注的是某种"到达"事件是否发生，比如在一个服务窗口前，顾客的到达时刻；车辆依次通过十字路口的时刻。到达过程中，相邻两次到达时刻之间的时间（相邻间隔时间）为相互独立的随机变量。

到达过程可以细分为两类情况：一类是到达时间为离散的情况，随机过程为伯努利过程，相邻间隔时间服从几何分布；另一类是相对应的，到达时间为连续的情况，随机过程为泊松过程，相邻间隔时间服从指数分布。

到达过程最明显的特征就是相邻间隔时间相互独立，且随机过程无记忆性，比如某窗口上一时刻来没来顾客，都不会给下一个时刻是否来顾客带来影响。

而与之相对的，就是未来的数据与历史数据有关联、有联系，比如前面举的股价变化的例子，未来的股价是和历史股价有关联关系的。

在这一类随机过程里，有一种模型最为重要，即我们要介绍的马尔可夫过程。在马尔可夫模型中，未来的数据只依赖于当前的数据，而与过去的历史数据无关。马尔可夫过程非常重要，我们将在 4.2 节和 4.3 节重点讨论。

4.2 状态转移：初识马尔可夫链

这一节，我们开始认识马尔可夫链，重点介绍马尔可夫链的核心三要素和它的基本性质，同时在此基础上讨论其转移过程。

4.2.1 马尔可夫链三要素

马尔可夫过程是一类随着时间变化而发生状态变换的过程，分为离散时间的马尔可夫链和连续时间的马尔可夫链。我们先来考虑离散时间的马尔可夫链，它的状态在确定的离散时间点上发生变化。

离散时间的马尔可夫链有 3 个核心概念：离散时间、状态空间、转移概率。

在离散时间的马尔可夫链中，我们通常使用 n 表示时刻，用 X_n 表示马尔可夫链在 n 时刻的状态，那么马尔可夫链中所有的状态会构成一个集合 $S = \{1, 2, \cdots, m\}$，我们把这个集合 S 称作离散时间马尔可夫链的状态空间。

在这个状态空间的基础上，我们来讨论马尔可夫链的另一个概念：转移概率。转移概率是这么定义的：当离散时间的马尔可夫链当前的状态是 i 时，下一个状态等于 j 的概率就是从状态 i 到状态 j 的转移概率，记作是 p_{ij}。

转移概率 p_{ij} 本质上用一个条件概率就可以表达：$p_{ij} = P(X_{n+1} = j \mid X_n = i), i, j \in S$。

　　下面我们举一个拥有 3 个状态的离散时间马尔可夫链的例子，转移概率图如图 4-3 所示。

　　图 4-3 中标明的是张三的 3 种状态，每天他都处于这 3 种状态中的一种：要么宅在家中，要么在外面运动，要么在吃美食，这就是张三的状态空间。如果今天宅在家中，那么他明天仍然宅在家中的概率是 0.2、明天出去吃美食的概率是 0.6、明天出去运动的概率是 0.2，这就是他的几个转移概率。

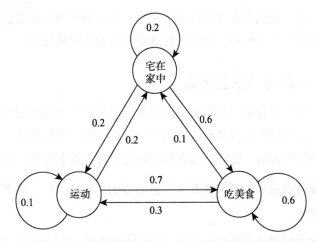

图 4-3　状态离散时间马尔可夫链状态转移图

4.2.2　马尔可夫性：灵魂特征

　　如果我们说离散时间、状态空间和转移概率是离散时间马尔可夫链的构成要素，那么马尔可夫性则是它的灵魂特征。

　　这个特性具体描述为：只要时刻 n 的马尔可夫链状态为 i，不论过去发生了什么，也不论马尔可夫链是如何到达状态 i 的，下一个时刻 $n+1$ 转移到状态 j 的概率一定都是转移概率 p_{ij}。

　　我们还是用上面的图 4-3 来说明，假如张三今天是在吃美食，那么不管他昨天是在运动还是宅在家中，他明天出去运动的概率都不变，也就是 0.3，继续出去吃美食的概率也不变，还是 0.6。即：下一个状态只与当前状态有关，而与更早的历史状态无关。

以上说了这么多，又是举例子、又是理论术语，其实落实在数学语言的表达上，也就是一个条件概率等式，即任意时刻 n，对状态空间中的任意状态 $i, j \in S$，以及时刻 n 前（也就是历史上的）任意可能的状态序列 $i_0, \cdots, i_{n-1}$，均有：

$$P(X_{n+1} = j \mid X_n = i, X_{n-1} = i_{n-1}, \cdots, X_0 = i_0) = P(X_{n+1} = j \mid X_n = i) = p_{ij}$$

这很清楚也很直白地表明了：下一个状态 X_{n+1} 的概率分布只依赖于前一个状态 X_n。

4.2.3 转移概率和状态转移矩阵

那么问题来了，这个转移概率 p_{ij} 具有什么样的性质呢？首先 p_{ij} 必须满足非负性。

其次再有：$\sum_{j=1}^{m} p_{ij} = 1$，这个等式对所有的 i 都成立。这个其实很好理解，我们还是对照着图 4-3 张三的状态图来看。假如他今天宅在家中，那么他明天继续宅在家中的概率是 0.2、明天出去运动的概率是 0.2、明天出去吃美食的概率是 0.6，不管这 3 个概率如何取值，如何分配，有一点是肯定的，就是三者相加必须等于 1。

我们关注这里特殊一点的情况，即当 $i = j$ 时，p_{ii} 的取值问题。其实就是对应了张三今天宅在家中，明天继续宅在家中的情况。虽然状态没有发生变化，但是我们可以认为是状态发生了一次特殊的转移，也就是自身转移。

在状态空间 S 中，任意两个状态 i 和 j 之间都有一个转移概率 p_{ij}，并且满足 $p_{ij} \geqslant 0$（当状态 i 无法转移到状态 j 的时候，则令 $p_{ij} = 0$）。

那么我们可以把状态空间中状态间的所有转移概率按照顺序组织成一个二维矩阵，其中第 i 行、第 j 列的元素就是 p_{ij}，那么这个二维矩阵

$$\begin{bmatrix} p_{11} & p_{12} & p_{13} & \cdots & p_{1m} \\ p_{21} & p_{22} & p_{23} & \cdots & p_{2m} \\ p_{31} & p_{32} & p_{33} & \cdots & p_{3m} \\ \cdots & \cdots & \cdots & & \cdots \\ p_{m1} & p_{m2} & p_{m3} & \cdots & p_{mm} \end{bmatrix}$$ 就称为转移概率矩阵，它刻画了对应的马

尔可夫链的本质特征。

我们沿用张三的例子：令状态 1 为宅在家中、状态 2 为运动、状态 3 为吃美食，那么这个马尔可夫链就是是一个 3×3 的二维矩阵

$$\begin{bmatrix} 0.2 & 0.2 & 0.6 \\ 0.2 & 0.1 & 0.7 \\ 0.1 & 0.3 & 0.6 \end{bmatrix} \text{。}$$

4.2.4 马尔可夫链性质的总结

到这里，我们有必要停下来梳理一下马尔可夫链的基本性质。一个马尔可夫链由以下主要特征确定。

1）状态集合 $S = \{1, 2, \cdots, m\}$。

2）可能发生状态转移的 (i, j) 的集合，即那些 $p_{ij} > 0$ 的状态对。

3）p_{ij} 的取值。

以上 3 点都可以由一个二维转移概率矩阵描述，并且由这些特征所描述的马尔可夫链是一个随机变量序列 $X_0, X_1, X_2, X_3, \cdots$，它们从状态空间 S 取值，并且满足对于任意的时间 n，所有状态 $i, j \in S$，以及之前所有可能的状态序列 $i_0, i_1, \cdots, i_{n-1}$，均有：

$$P(X_{n+1} = j \mid X_n = i, X_{n-1} = i_{n-1}, \cdots, X_0 = i_0) = P(X_{n+1} = j \mid X_n = i) = p_{ij}\text{。}$$

4.2.5　一步到达与多步转移的含义

刚才我们用较多篇幅介绍了转移概率 p_{ij}，它给出的是从状态 i 一步到达状态 j 的转移概率：$p_{ij} = P(X_{n+1} = j \mid X_n = i)$。如果我们再进一步拓展，不是通过一步，而是通过 m 步（其中 $m > 1$）从状态 i 转移到状态 j，那么这对应的就是 m 步状态转移的概率。

写成条件概率的形式就是 $p^m(i, j) = P(X_{n+m} = j \mid X_n = i)$。

这里我们换一个例子来看，社会的流动性是大家都非常关注的一个问题，社会的底层通过自身努力使得自己向社会中层甚至上层流动是社会保持活力的重要推动力。假设有一个反映社会阶层流动的马尔可夫链，这个马尔可夫链的状态空间有 3 个状态，状态 1 处于贫困水平，状态 2 处于中产阶级，状态 3 则是财务自由，它的状态转移矩阵为 $\begin{bmatrix} 0.7 & 0.2 & 0.1 \\ 0.3 & 0.5 & 0.2 \\ 0.2 & 0.4 & 0.4 \end{bmatrix}$。

我们不讨论这里面数据的合理性和准确性，单单就事论事，如 $p_{13} = 0.1$，表示如果这一代人处于贫困水平，下一代人实现财务自由的概率为 0.1，继续处于贫困水平的概率则要大得多，为 0.7。而如果这一代人处于财务自由的水平，那么他的下一代处于财务自由的概率也要大不少，为 0.4。

那么，我们现在思考这样一个问题，假设祖辈处于贫困水平（状态 1），父辈处于中产阶级（状态 2），孙辈处于财务自由水平（状态 3）的概率有多大？

还是从定义入手，条件概率表达式为

$$P(X_2 = 3, X_1 = 2 \mid X_0 = 1) = \frac{P(X_2 = 3, X_1 = 2, X_0 = 1)}{P(X_0 = 1)}$$

$$= \frac{P(X_2 = 3, X_1 = 2, X_0 = 1)}{P(X_1 = 2, X_0 = 1)} \cdot \frac{P(X_1 = 2, X_0 = 1)}{P(X_0 = 1)}$$

$$= P(X_2 = 3 \mid X_1 = 2, X_0 = 1) \cdot P(X_1 = 2 \mid X_0 = 1)$$

由于这是一个马尔可夫链，因此满足：$P(X_2 = 3 \mid X_1 = 2, X_0 = 1) = P(X_2 = 3 \mid X_1 = 2)$

因此有：

$$P(X_2 = 3, X_1 = 2 \mid X_0 = 1) = P(X_2 = 3 \mid X_1 = 2) \cdot P(X_1 = 2 \mid X_0 = 1)$$

对应到转移概率矩阵中，就是从状态 1 转移到状态 2 的概率乘从状态 2 转移到状态 3 的概率，即：$p_{12} p_{23} = 0.2 \times 0.2 = 0.04$。

接下来我们不指定父辈的状态，只假设祖辈是贫困水平（状态 1），问孙辈处于财务自由水平（状态 3）的概率有多大？

这里只指定了祖辈和孙辈所处的状态，父辈可以处于贫穷、中产和财务自由中的任意一种状态，这个概率的表达式写起来也很简单：

$$P(X_2 = 3 \mid X_0 = 1)$$
$$= P(X_2 = 3, X_1 = 1 \mid X_0 = 1) + P(X_2 = 3, X_1 = 2 \mid X_0 = 1)$$
$$+ P(X_2 = 3, X_1 = 3 \mid X_0 = 1)$$
$$= p_{11} p_{13} + p_{12} p_{23} + p_{13} p_{33} = \sum_{k=1}^{3} p_{1k} p_{k3}$$
$$= 0.7 \times 0.1 + 0.2 \times 0.2 + 0.1 \times 0.4 = 0.15$$

4.2.6　多步转移与矩阵乘法

上面计算出来的结果并不重要，我们重点还是回过头来看这个式子：

$P(X_2 = 3 \mid X_0 = 1) = p_{11} p_{13} + p_{12} p_{23} + p_{13} p_{33}$，对线性代数熟悉的读者应该对这个等式很敏感，它实际上就是转移矩阵 $\begin{bmatrix} 0.7 & 0.2 & 0.1 \\ 0.3 & 0.5 & 0.2 \\ 0.2 & 0.4 & 0.4 \end{bmatrix}$ 中

第一行和第三列点乘的结果，如果按照矩阵相乘的运算法则，这个计算出来的结果恰好位于结果矩阵的第一行第三列，也正对应了从状态 1 到状态 3，两步状态转移的概率值。

试想一下，如果我们将概率转移矩阵与自身相乘，也就是求它的二次幂，即：

$$\begin{bmatrix} 0.7 & 0.2 & 0.1 \\ 0.3 & 0.5 & 0.2 \\ 0.2 & 0.4 & 0.4 \end{bmatrix}^2 = \begin{bmatrix} 0.7 & 0.2 & 0.1 \\ 0.3 & 0.5 & 0.2 \\ 0.2 & 0.4 & 0.4 \end{bmatrix}\begin{bmatrix} 0.7 & 0.2 & 0.1 \\ 0.3 & 0.5 & 0.2 \\ 0.2 & 0.4 & 0.4 \end{bmatrix}$$，那么新得到

的 3×3 二维矩阵里就包含了所有状态间通过两步到达的概率值，如代码清单 4-5 所示。

代码清单 4-5　两步到达的矩阵表示

```
import numpy as np

A = np.array([[0.7, 0.2, 0.1],
              [0.3, 0.5, 0.2],
              [0.2, 0.4, 0.4]])

print(np.dot(A, A))
```

运行结果如下。

```
[[ 0.57  0.28  0.15]
 [ 0.4   0.39  0.21]
 [ 0.34  0.4   0.26]]
```

从结果中我们可以看出，第一行第三列确实就是我们刚刚求得的概率值 0.15。

那么以此类推，我们想看 n 步状态转移概率，就是求取这个状态

转移矩阵 $\begin{bmatrix} 0.7 & 0.2 & 0.1 \\ 0.3 & 0.5 & 0.2 \\ 0.2 & 0.4 & 0.4 \end{bmatrix}$ 的 n 次幂，我们来观察不同幂指数取值的结

果，如代码清单 4-6 所示。

代码清单 4-6   *n* 取不同幂指数值时的转移概率结果

```
import numpy as np

A = np.array([[0.7, 0.2, 0.1],
              [0.3, 0.5, 0.2],
              [0.2, 0.4, 0.4]])

def get_matrix_pow(matrix, n):
    ret = matrix
    for i in range(n):
        ret = np.dot(ret,A)
    print(ret)

get_matrix_pow(A,3)
get_matrix_pow(A,5)
get_matrix_pow(A,10)
get_matrix_pow(A,20)
get_matrix_pow(A,100)
```

运行结果如下。

```
[[ 0.4879  0.3288  0.1833]
 [ 0.4554  0.3481  0.1965]
 [ 0.4422  0.3552  0.2026]]

[[ 0.471945  0.338164  0.189891]
 [ 0.465628  0.341871  0.192501]
 [ 0.463018  0.343384  0.193598]]

[[ 0.46814979  0.34038764  0.19146257]
 [ 0.46804396  0.34044963  0.1915064 ]
 [ 0.46800013  0.34047531  0.19152456]]

[[ 0.46808512  0.34042552  0.19148935]
 [ 0.46808509  0.34042554  0.19148937]
 [ 0.46808508  0.34042555  0.19148937]]
```

```
[[ 0.46808511  0.34042553  0.19148936]
 [ 0.46808511  0.34042553  0.19148936]
 [ 0.46808511  0.34042553  0.19148936]]
```

很显然，随着 n 逐渐增大，n 步状态转移矩阵收敛于：

$$\begin{bmatrix} 0.46808511 & 0.34042553 & 0.19148936 \\ 0.46808511 & 0.34042553 & 0.19148936 \\ 0.46808511 & 0.34042553 & 0.19148936 \end{bmatrix}$$

我们发现，每行的 3 个元素都是一模一样的，这说明不论当前是贫穷水平、中产阶级还是财务自由，过了很多代以后，后代落入 3 个阶层中任意一个阶层的概率都是一定的。而且最大的概率都是变成贫困阶层。当然这个只是我们依据给定的数据计算而来，具体是否符合社会学的常识，就不是我们所关心的问题了。不过确实也说明，富有从来不是一件容易的事。

4.2.7 路径概率问题

最后我们看看由 n 步转移概率派生出来的路径概率问题，给定一个马尔可夫链模型，我们可以计算任何一个给定状态序列的概率，特别的我们有：

$$P\left(X_0 = i_0, X_1 = i_1, \cdots, X_n = i_n\right) = P\left(X_0 = i_0\right) p_{i_0 i_1} p_{i_1 i_2} \cdots p_{i_{n-1} i_n}$$

结合马尔可夫性和条件概率的描述形式，理解起来也是非常简单的。

首先由贝叶斯定理可得：

$$P\left(X_0 = i_0, X_1 = i_1, \cdots, X_n = i_n\right) =$$
$$P\left(X_n = i_n \mid X_0 = i_0, \cdots, X_{n-1} = i_{n-1}\right)$$
$$P\left(X_0 = i_0, \cdots, X_{n-1} = i_{n-1}\right)$$

然后依照马尔可夫性得到：

$$P(X_n = i_n \mid X_0 = i_0, \cdots, X_{n-1} = i_{n-1}) = P(X_n = i_n \mid X_{n-1} = i_{n-1}) = p_{i_{n-1}i_n}$$

从而得到:

$$P(X_0 = i_0, X_1 = i_1, \cdots, X_n = i_n) = P(X_0 = i_0, \cdots, X_{n-1} = i_{n-1}) p_{i_{n-1}i_n}$$

在这个式子的基础上不断递推, 就能得到最开始的:

$$P(X_0 = i_0, X_1 = i_1, \cdots, X_n = i_n) = P(X_0 = i_0) p_{i_0 i_1} p_{i_1 i_2} \cdots p_{i_{n-1}i_n}$$

对于这个路径问题, 我们举个例子就很好理解了, 比如从某人的太爷爷开始, 太爷爷是贫穷, 爷爷是贫穷, 爸爸是中产, 某人是财务自由, 儿子中产, 孙子贫穷, 这就是一个路径, 当然是一个非常悲剧的路径。

以上路径的概率是 $P(X_0 = 1) p_{11} p_{12} p_{23} p_{32} p_{21}$, 最左边的 $P(X_0 = 1)$ 表示太爷爷是贫穷的概率, 这个值指定了, 整个路径的概率就可以计算出来了。

4.3 变与不变: 马尔可夫链的极限与稳态

这一节, 我们进一步深入探讨马尔可夫链, 重点介绍它的极限与稳态性质, 这是马尔可夫链的核心内容, 对后续章节中的随机采样相关实践也是很好的理论支撑。

4.3.1 极限与初始状态无关的情况

这里我们对 4.2 节介绍的社会阶层流动概率转移矩阵引入极限行

为的话题。对于转移概率矩阵 $\begin{bmatrix} 0.7 & 0.2 & 0.1 \\ 0.3 & 0.5 & 0.2 \\ 0.2 & 0.4 & 0.4 \end{bmatrix}$, 我们在 4.2.6 节已经

计算得出随着转移步数 n 逐步增大, n 步转移概率矩阵收敛于

$$\begin{bmatrix} 0.46808511 & 0.34042553 & 0.19148936 \\ 0.46808511 & 0.34042553 & 0.19148936 \\ 0.46808511 & 0.34042553 & 0.19148936 \end{bmatrix}。$$

我们观察一下这个收敛矩阵，它最重要的特点就是当 $n \to \infty$ 时，矩阵中的每一个值都会收敛于一个极限值，这个极限值不依赖于初始状态 i。换句话说，祖上无论是处于贫穷阶层、中产阶级还是财务自由，经过很多代之后，子孙处于任何一个阶层的概率都是一定的，跟祖上的状态已经没有关系了。

因此当时间 n 比较小的时候，n 步转移概率矩阵中的值还会比较依赖于它的初始状态 i，而当 n 不断增大时，这种依赖性会逐渐消失，贫穷阶层、中产阶级和财务自由都趋近于一个正的稳态概率，而位于哪个初始状态已经可以忽略不计了。

4.3.2　极限依赖于初始状态的情况

许许多多随时间变化的概率模型都具备上面提到的性质，但也有很多例外。有一种极限情况，随着 $n \to \infty$，矩阵中的每一个值依然会收敛于一个极限值，但不同的是，这些极限值会依赖于初始状态，在矩阵中的具体表现是矩阵不是每一行都相等。

我们举一个例子便于理解，这是一个老虎和羊的故事，如图 4-4 所示。

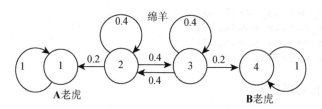

图 4-4　羊入虎口概率转移图

这是一个封闭的小世界，我们可以将其想象为有连接关系的 4 个岛屿。有一只羊，在图 4-4 中的 4 个区域内移动，每次只能移动一个位置，这只羊如果在区域 2 和区域 3 之间移动，则平安无事；一旦移动到区域 1 或者区域 4，则立马就会被老虎吃掉，它的尸骨就永远停留在了那里，一切也就结束了。

我们将各个区域之间的转移概率标注在图 4-4 中，转移概率矩阵

为 $\begin{bmatrix} 1 & 0 & 0 & 0 \\ 0.2 & 0.4 & 0.4 & 0 \\ 0 & 0.4 & 0.4 & 0.2 \\ 0 & 0 & 0 & 1 \end{bmatrix}$。

接下来我们还是观察一下 n 步转移概率矩阵，如代码清单 4-7 所示。

代码清单 4-7　羊入虎口 n 步转移过程模拟

```python
import numpy as np

A = np.array([[1, 0, 0, 0],
              [0.2, 0.4, 0.4, 0],
              [0, 0.4, 0.4, 0.2],
              [0, 0, 0, 1]])

def get_matrix_pow(matrix, n):
    ret = matrix
    for i in range(n):
        ret = np.dot(ret,A)
    print(ret)

get_matrix_pow(A,5)
get_matrix_pow(A,10)
get_matrix_pow(A,50)
get_matrix_pow(A,100)
```

运行结果如下。

```
[[ 1.        0.        0.        0.      ]
 [ 0.468928  0.131072  0.131072  0.268928]
```

```
 [ 0.268928   0.131072   0.131072   0.468928]
 [ 0.         0.         0.         1.        ]]

[[ 1.          0.          0.          0.         ]
 [ 0.55705033  0.04294967  0.04294967  0.35705033]
 [ 0.35705033  0.04294967  0.04294967  0.55705033]
 [ 0.          0.          0.          1.         ]]

[[ 1.00000000e+00   0.00000000e+00   0.00000000e+00
    0.00000000e+00]
 [ 5.99994291e-01   5.70899077e-06   5.70899077e-06
    3.99994291e-01]
 [ 3.99994291e-01   5.70899077e-06   5.70899077e-06
    5.99994291e-01]
 [ 0.00000000e+00   0.00000000e+00   0.00000000e+00
    1.00000000e+00]]

[[ 1.00000000e+00   0.00000000e+00   0.00000000e+00
    0.00000000e+00]
 [ 6.00000000e-01   8.14814391e-11   8.14814391e-11
    4.00000000e-01]
 [ 4.00000000e-01   8.14814391e-11   8.14814391e-11
    6.00000000e-01]
 [ 0.00000000e+00   0.00000000e+00   0.00000000e+00
    1.00000000e+00]]
```

很明显，我们发现随着 $n \to \infty$，n 步转移概率矩阵收敛于

$$\begin{bmatrix} 1 & 0 & 0 & 0 \\ 0.6 & 0 & 0 & 0.4 \\ 0.4 & 0 & 0 & 0.6 \\ 0 & 0 & 0 & 1 \end{bmatrix}$$ 。

4.3.3　吸收态与收敛分析

$$\begin{bmatrix} 1 & 0 & 0 & 0 \\ 0.6 & 0 & 0 & 0.4 \\ 0.4 & 0 & 0 & 0.6 \\ 0 & 0 & 0 & 1 \end{bmatrix}$$ 这个矩阵看上去很简单，实际上内涵非常深刻。

首先，在图 4-4 这 4 个状态中，有两个状态可以被称作是吸收状态，也就是一旦到达这个状态，就没有任何机会转移到其他状态，而是将永远处于这个状态。我们这个例子中的吸收状态是区域 1 和区域 4，也就是羊一旦走入，就羊入虎口，再也回不来了。

其次，虽然 n 步转移概率矩阵在数值上也会收敛，但是收敛的极限值会依赖于初始状态。这个很容易理解，最开始羊位于区域 2，它死于区域 1 的概率是 0.6，而如果羊最开始位于区域 3，则它死于区域 1 的概率是 0.4，更大可能是落入区域 4 的虎口。

最后，我们发现随着 $n \to \infty$，n 步转移概率矩阵中，状态 2 和状态 3 两列都收敛于 0。换句话说，也就是无论羊初始位于哪个状态，只要时间足够长，最终都只有两个归宿：落入区域 1 的虎口或者落入区域 4 的虎口，没有活下来的希望。

4.3.4 可达与常返

从社会流动性和羊入虎口两个例子可以看出，二者所表现出来的状态是有很大区别的。一方面是两个例子中马尔可夫链的状态性质不同，另一方面随着 $n \to \infty$，二者的极限表现不同。

我们还是通过社会流动性的例子进行对比，如图 4-5 所示。

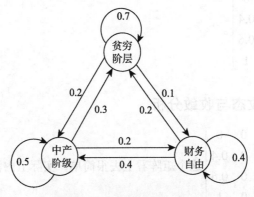

图 4-5 阶级流动概率转移图

我们可以发现，任取两个状态 i 和 j，从状态 i 出发可以到达状态 j。而羊入虎口就不是这个情况，如果羊从区域 2 出发，可以到达其他任意的状态，但是如果羊从区域 1 出发，除了自身以外，到达不了任何其他的区域。

通过可达性的描述，我们就能引出常返和非常返的新概念了：如果每个从状态 i 出发可达的状态 j，相应的从状态 j 出发，反过来也可到达状态 i，那么状态 i 就是常返的。这是通俗的说法，下面用数学的形式化语言描述。

我们令状态 i 的可达状态集合为 $A(i)$，对于集合 $A(i)$ 中的每一个状态 j，如果 $i \in A(j)$，那么状态 i 就是常返的。

在图 4-5 阶级流动概率转移图中，中产阶级的可达状态集是{贫穷阶层，中产阶级，财务自由}，这个可达状态集中任意一个状态也都可以到达"中产阶级"，因此中产阶级状态是常返的。同理，其余两个状态也都是常返的。

而在羊入虎口这个例子中则不然，对于状态 2 和状态 3 而言，都可以到达状态 1 和状态 4，但是反过来，从状态 1 和状态 4 都无法到达状态 2 和状态 3，因此状态 2 和状态 3 是非常返的。而状态 1 和状态 4 的可达状态集都只包含自身，因此它们是常返的。

我们结合这两个例子中概率转移矩阵的极限来直观地讨论常返和非常返的本质内涵：在羊入虎口的例子中，随着 $n \to \infty$，n 步转移概

率矩阵为 $\begin{bmatrix} 1 & 0 & 0 & 0 \\ 0.6 & 0 & 0 & 0.4 \\ 0.4 & 0 & 0 & 0.6 \\ 0 & 0 & 0 & 1 \end{bmatrix}$，也就是随着 n 的增大，在某个时刻之后，

马尔可夫链将永远不会再返回该状态。从矩阵的数值来看，确实也是如此。

　　了解了常返状态和非常返状态的概念之后，再引出常返类的概念
就很好理解了。如果状态 i 是一个常返状态，那么状态 i 的可达状态集
就构成了一个常返类，我们把之前的概率转移图修改一下，对着图 4-6
来讲解。

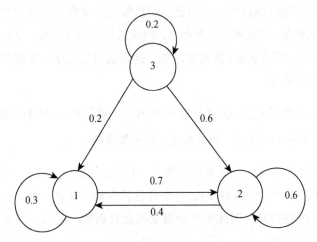

图 4-6　修改后的概率转移图

　　我们可以看到，状态 1 和状态 2 是常返状态，状态 3 是非常返状
态，同时状态 1 的可达状态集是{状态 1，状态 2}，因此状态 1 和状态
2 构成了一个常返类，于是这个马尔可夫链就被分解成了一个常返类
和一个非常返状态，如图 4-7 所示。

　　从图 4-7 中，我们很容易得出 2 个非常直观且重要的结论。

1. 常返类只进不出

　　一旦状态进入常返类当中，将永远停留在这个类里面。因为依据
常返类的定义，常返类当中的状态都是相互可达的，而常返类外的状
态是不可达的。如图 4-7 所示，一旦从状态 3 进入常返类（状态 1 或
者状态 2），就只会在里面转移，不会再离开常返类返回状态 3 了。

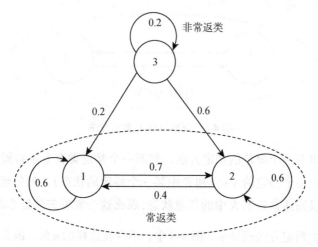

图 4-7 马尔可夫链的分解

2. 不管开始如何，终将进入常返类

即使状态开始位于一个非常返状态，随着 n 不断增大，前期的状态序列还会包含非常返状态，但在后期，特别是当 n 很大的时候，状态序列一定由来自同一个类的常返状态组成。这里我们如果把常返类看作一个大号的吸收状态（这种描述不一定很准确）就更好理解了。同样地，在图 4-7 中，如果开局从状态 3 起步，早期可能会在状态 3 兜兜圈子，到了最后一定会落入由状态 1 和状态 2 构成的常返类中。

因此结合前后的知识我们发现：有多个常返类的马尔可夫链，一定不会收敛于一个唯一的稳态分布。

4.3.5 周期性问题

光有单个常返类这一个条件显然是不够的，如果这个常返类是周期性的，如图 4-8 所示，假设从状态 1 出发，即使 $n \to \infty$，如果 n 为奇数，则状态转移到状态 2；如果 n 为偶数，则状态转移到状态 1，这显然是不收敛的。

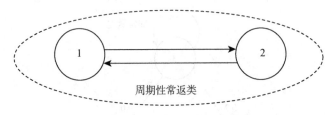

图 4-8　周期性常返类示意图

这里有一个简单的判定方法，判断一个常返类 R 是不是周期的：只要存在一个特定的 $n \geqslant 1$ 和 R 中某一个特定的状态 i，使得经过 n 步之后可以到达常返态 R 中的任意状态，那么这个常返态就是非周期的。

这个判定方法很简单，图 4-8 中，不存在这样的 n 值，因此验证了其是周期的，而在图 4-9 中，我们发现当 $n=3$ 时，从状态 1 出发，可以到达常返类中的 4 个状态 $\{1,2,3,4\}$，因此它是非周期的。

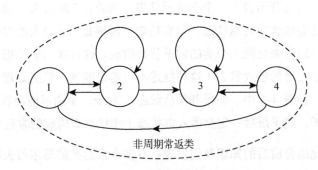

图 4-9　非周期常返类示意图

再回头去看图 4-5 阶级流动图，那就更简单了，当 $n=1$ 时，任一状态都可以到达其余全部状态。

4.3.6　马尔可夫链的稳态分析和判定

那么到底什么是稳态？稳态这个概念从何而来？它从我们之前反复提及的当 $n \to \infty$ 时，n 步转移概率矩阵中每个数值的收敛情况而来。

对于马尔可夫链中的每一个状态 j，n 步转移概率值 $r_{ij}(n)$ 会趋近于一个独立于初始状态 i 的极限值，我们通常把这个极限值记作 π_j。更重要的是，独立于初始状态 i，就意味着无论从哪个初始状态开始，经过 n 步转移 $(n \rightarrow \infty)$ 到状态 j 的概率都是 π_j。因此在稳态下，处于状态 j 的概率也同样趋近于极限值 π_j，即 $P(X_n = j) \rightarrow \pi_j$（当 $n \rightarrow \infty$）。

那么此时，我们综合一下：随着 $n \rightarrow \infty$，马尔可夫链要收敛于一个稳态分布，首先它得是非周期的，其次如果要求这个稳态分布是唯一的，则这个马尔可夫链必须只含有一个常返类。

在此基础上，我们进一步讨论两个更强的约束条件：不可约和正常返。

相较于单个常返类而言，马尔可夫链的不可约条件则更强。不可约的马尔可夫链是指从任意一个状态出发，经过充分长的时间之后，可以到达任意状态，否则就是可约的马尔可夫链。很显然，含有多个常返类的马尔可夫链肯定是可约的，即使只有一个常返类，也不一定就是不可约的，我们通过图 4-10 进行对比。

满足不可约条件意味着马尔可夫链的各个状态之间是全联通的，这个条件是为了确保随着 $n \rightarrow \infty$，马尔可夫链收敛的唯一稳态分布中的每个状态的概率都大于 0。

正常返是在常返的概念上更进一步，指对于任意一个状态，从其他任意状态出发，当时间趋近于无穷时，首次转移到这个状态的概率不为 0。正常返是常返的一个子类，表示在常返的基础上，附加一个转移步数有限的条件。这个条件主要针对无限状态的马尔可夫链，是为了保证在这种情况下，马尔可夫链收敛的唯一稳态分布中的每一个状态的概率都大于 0。

最终，我们得到结论：在不可约、非周期、正常返的条件下，马尔可夫链拥有唯一稳态分布，且每个状态的概率都大于 0。

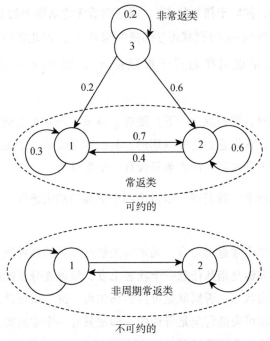

图 4-10   马尔可夫链的可约性和不可约性对比

4.3.7　稳态的求法

解决了关于存在性的问题之后，我们最关心的还是稳态的求法，这就要回归到马尔可夫链的定义中去理解了。

我们还是对照阶级流动的马尔可夫链的状态转移图进行观察，如图 4-11 所示。

我们令贫穷阶级为状态 1，中产阶级为状态 2，财务自由为状态 3，当马尔可夫链到达稳态之后，3 个概率趋近于极限值：π_1, π_2, π_3。

首先依据分布概率的归一性原则，有：$\pi_1 + \pi_2 + \pi_3 = 1$。

然后,我们思索一下稳态的本质含义:到达稳态后,经过下一个时间的状态转移,马尔可夫链的概率分布保持不变,这就叫平稳。即状态一旦进入稳态分布,那么未来任何时候的状态都保持这个稳态分布不变。依据这个平稳的概念,我们又可以得出以下几个方程。

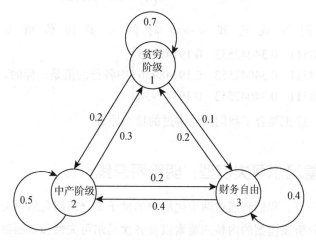

图4-11 阶级流动的马尔可夫链状态转移图

针对状态 1 贫穷阶级,我们有:$0.7\pi_1 + 0.3\pi_2 + 0.2\pi_3 = \pi_1$

针对状态 2 中产阶级,我们有:$0.2\pi_1 + 0.5\pi_2 + 0.4\pi_3 = \pi_2$

针对状态 3 财务自由,我们有:$0.1\pi_1 + 0.2\pi_2 + 0.4\pi_3 = \pi_3$

其核心意思就是,经过状态转移后,下一个时间点的各状态概率依然和本时刻相等。

当然我们不用写成这么臃肿的形式,可以写成一个状态向量乘以一步转移概率矩阵的形式,这样表达就更加简洁了:

$$\begin{bmatrix} \pi_1 & \pi_2 & \pi_3 \end{bmatrix} \begin{bmatrix} 0.7 & 0.3 & 0.2 \\ 0.2 & 0.5 & 0.4 \\ 0.1 & 0.2 & 0.4 \end{bmatrix} = \begin{bmatrix} \pi_1 & \pi_2 & \pi_3 \end{bmatrix}$$

同时满足归一性 $\pi_1 + \pi_2 + \pi_3 = 1$ 的约束条件。

我们通过解方程组可以得到：$\begin{cases} \pi_1 = 0.46808511 \\ \pi_2 = 0.34042553 \\ \pi_3 = 0.19148936 \end{cases}$

我们发现这和 $n \to \infty$ 时的 n 步转移概率矩阵

$\begin{bmatrix} 0.46808511 & 0.34042553 & 0.19148936 \\ 0.46808511 & 0.34042553 & 0.19148936 \\ 0.46808511 & 0.34042553 & 0.19148936 \end{bmatrix}$ 中各行的值是一样的。的确应

该一样，这正契合了我们前面讲过的稳态原理。

4.4 隐马尔可夫模型：明暗两条线

这一节，我们将通过两个生活中的例子来介绍隐马尔可夫模型，并详细分析该模型的内核三要素以及齐次马尔可夫性和观测独立性这两个关键性质。

4.4.1 从马尔可夫链到隐马尔可夫模型

在前面几节，我们详细介绍了马尔可夫链，下面我们接着介绍隐马尔可夫模型（Hidden Markov Model，HMM）。隐马尔可夫模型是一种统计模型，广泛应用于语音识别、词性自动标注等自然语言处理的各个领域。

经过前面的学习，我们对马尔可夫链已经相当熟悉了，这里谈到的隐马尔可夫模型与其关键差异就在于一个"隐"字。在隐马尔可夫模型中，首先由一个隐藏的马尔可夫链生成一个状态随机序列，再由状态随机序列中的每一个状态对应生成各自的观测，由这些观测组成一个观测随机序列。因此，隐马尔可夫模型其实伴随着两条"线"，一个是观测随机序列这条明线，另一个是隐藏着的状态随机序列这条暗线。

4.4.2　典型实例 1：盒子摸球实验

为了更清晰地介绍隐马尔可夫模型，我们举两个生活中的例子，便于大家更为直观地了解隐马尔可夫模型的组成和要点。

第一个例子是大家耳熟能详的盒子摸球实验。

我们有 3 个盒子，分别编号为 1 号、2 号、3 号，每个盒子里都装着个数不等的黑球和白球，具体情况如下所示。

1 号盒子：黑球 2 个、白球 8 个。

2 号盒子：黑球 6 个、白球 4 个。

3 号盒子：黑球 4 个、白球 6 个。

在这个实验中，每次随机出现一个盒子，我们从盒子中随机摸出一个球，并且记录球的颜色，再把球放回盒子。下一次再随机出现一个盒子，我们同样地去摸球并记录球的颜色、放回。下面我们一边梳理这个过程，一边来系统介绍隐马尔可夫模型中的专业术语。

在试验过程中，我们只能在每次摸出球之后看到球的颜色，但无法知道每次随机出现的是哪个盒子，这是我们要明确的一个前提背景。

随着试验的进行，会依次出现不同编号的盒子，这个盒子的序列就是我们的状态序列。由于我们始终无法观测到盒子的编号，因此这是一条隐藏的暗线，也称为隐状态序列。而我们最终能够观察到的是球的颜色，所以球的颜色序列就是观测序列，也就是明线。例如，试验重复进行 7 次，其中一种可能的观测序列为：$O = \{$黑，黑，白，白，白，黑，黑$\}$。

而在整个试验过程中，我们假定每次盒子随机出现的过程是一个马尔可夫过程，状态集合为 $Q = \{$盒子 1，盒子 2，盒子 3$\}$，同时，给定第一次摸球时各个盒子出现所满足的概率分布如下。

1 号盒子出现的概率：0.3。

2 号盒子出现的概率：0.5。

3 号盒子出现的概率：0.2。

我们用 π 表示初始状态的概率向量： $\pi = (0.3, 0.5, 0.2)^T$ ，这样就得到了状态的初始概率分布。

同时各个盒子之间相互转换的概率转移图如图 4-12 所示。

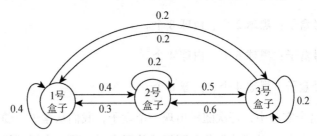

图 4-12   摸球试验中盒子间的转移概率图

从图 4-12 中，我们可以提炼出 3 个盒子随机出现的马尔可夫过程

状态转移概率矩阵，将其记作 $A = \begin{bmatrix} 0.4 & 0.4 & 0.2 \\ 0.3 & 0.2 & 0.5 \\ 0.2 & 0.6 & 0.2 \end{bmatrix}$ 。

结合马尔可夫链的基本知识，再对上述矩阵进行解释就是一件非常简单的事了：如果某一次随机出现的是 2 号盒子，那么下一次随机出现的盒子是 1 号盒子的概率是 0.3、是 2 号盒子的概率是 0.2、是 3 号盒子的概率是 0.5。

具体实验中隐藏的状态序列，也就是 3 个盒子随机出现的过程我们就讲清楚了。接下来是从盒子中摸球的过程，由于试验是放回式的，这就是最简单的古典概型，以 1 号盒子为例，其中黑球 2 个、白球 8 个，因此从 1 号盒子中摸出黑球的概率是 0.2，摸出白球的概率是 0.8，也就是所谓的观测概率，也叫作输出概率，是从特定的隐状态当中生成指定观测的概率。

同样地，我们还可以把 2 号盒子和 3 号盒子的观测概率都集中在一起，放在同一个矩阵当中，就得到了另一个重要的矩阵：观测概率

矩阵 $B = \begin{bmatrix} 0.2 & 0.8 \\ 0.6 & 0.4 \\ 0.4 & 0.6 \end{bmatrix}$。其中，观测集合 V = {黑球，白球}。

继续研究这个例子，我们重复 7 次上述过程，得到两个序列。

一个是长度为 7 的隐状态序列：

I = {2 号盒，2 号盒，1 号盒，3 号盒，1 号盒，2 号盒，3 号盒}，再次强调这个序列是实际存在的，但我们无法直接观测到。

另一个就是对应长度为 7 的观测序列：

O = {黑球，黑球，白球，黑球，白球，白球，黑球}，这个是我们可以直接通过观测得到的。

在这个盒子摸球的实验中，一明一暗两条线的关系如图 4-13 所示。

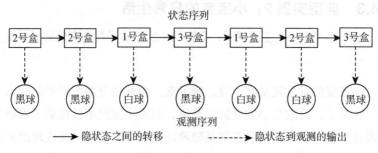

图 4-13　盒子摸球试验中的状态序列和观测序列

图 4-13 能够很好地说明隐马尔可夫模型当中的两个核心关键词，一个是隐，指的就是状态序列，也就是盒子序列，这是我们无法观测得知的，是隐含的；另一个是马尔可夫，指的是整个隐状态序列，隐状

态之间的转换是一个马尔可夫过程,隐状态之间是有特定转换概率的。

我们把这个信息也反映到图 4-12 的转移概率图中,就反映了隐马尔可夫模型在这个实例中的全部信息,如图 4-14 所示。

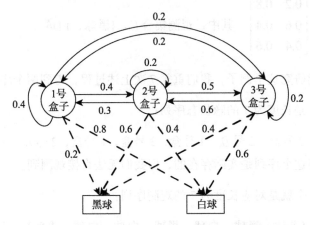

图 4-14   摸球试验中的状态转移和观测输出概率

可能大家会觉得这个例子还不够直观,我们再来看 4.4.3 节的例子。

4.4.3   典型实例 2:小宝宝的日常生活

这个是关于小宝宝的例子,会比 4.4.2 节盒子摸球实验的场景更直观。

小宝宝的日常就是吃了睡,睡了吃,因此他有两个典型的状态:饿了和困了,这就是小宝宝的状态集,但是小宝宝不会说话,不能直接表达需求,因此这个状态就是隐藏的。父母只能从他所表现出来的行为去推测,我们假设有 3 种典型的行为:{大哭大闹,无精打采,爬来爬去},这就是小宝宝的观测集。

隐状态之间的转移也是一个马尔可夫过程,而从各个状态所表现出的特定行为也符合一定的概率分布,如图 4-15 所示。

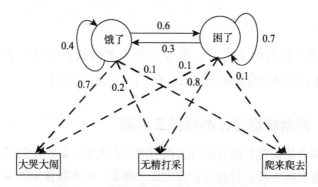

图 4-15 婴儿日常的状态转移和观测输出

本例中的状态集合 Q、观测集合 V、状态转移概率矩阵 A、观测概率矩阵 B，都能够很容易地通过上面这幅图得到。

其实从这个小宝宝的例子中，我们更容易理解隐马尔可夫模型中"隐"字的含义：小宝宝不会说话，我们无法直接知晓他到底是处于饿了还是困了的状态，只能通过观测他的行为：大哭大闹、无精打采、爬来爬去来推断他的状态，这就是隐字的含义。

4.4.4 隐马尔可夫模型的外在表征

看完了这两个例子，让我们回过头来，用形式化的语言总结归纳一下隐马尔可夫模型中的关键要素。

隐马尔可夫模型是一个时序模型，首先它由一个隐藏的马尔可夫链按照设定的状态转移概率，随机生成一个状态随机序列，但是这个随机序列是无法观测到的，然后再由每个状态按照观测概率（或称输出概率）生成各自对应的观测，由此构成可观测的观测随机序列。

隐马尔可夫模型中所有的隐状态构成状态集合：$Q = \{q_1, q_2, q_3, \cdots, q_N\}$，状态个数为 N。

所有可能的观测构成的集合为：$V = \{v_1, v_2, v_3, \cdots, v_M\}$，观测的个

数为 M 。

经过一段时间 T 之后，生成长度为 T 的状态序列： $I = \{i_1, i_2, i_3, \cdots, i_T\}$ ，以及对应的观测序列： $O = \{o_1, o_2, o_3, \cdots, o_T\}$ 。

4.4.5　推动模型运行的内核三要素

前面介绍的都是隐马尔可夫模型的外在表征，而推动隐马尔可夫模型随着时间不断运行的是它的内核三要素：状态转移矩阵 A 、观测概率矩阵（也叫作输出概率矩阵） B ，以及初始隐状态概率向量 π ，简写成三元组的形式就是： $\lambda = (A, B, \pi)$ 。

其中，初始概率向量 $\pi = (\pi_1, \pi_2, \pi_3, \cdots, \pi_N)$ ， π_i 表示隐状态序列中第 1 个状态为 q_i 的概率，即 $\pi_i = P(i_1 = q_i)$ 。

状态转移概率矩阵 A 本质上就是一个马尔可夫链的转移概率矩阵，所有可能的隐状态个数为 N ，因此矩阵 A 是一个 $N \times N$ 的方阵：

$$A = \begin{bmatrix} a_{11} & a_{12} & a_{13} & \cdots & a_{1N} \\ a_{21} & a_{22} & a_{23} & \cdots & a_{2N} \\ a_{31} & a_{32} & a_{33} & \cdots & a_{3N} \\ \cdots & \cdots & \cdots & & \cdots \\ a_{N1} & a_{N2} & a_{N3} & \cdots & a_{NN} \end{bmatrix}$$ ，并且按照马尔可夫状态转移概率的定

义： a_{ij} 表示从隐状态 i 转移到隐状态 j 的概率，即 $a_{ij} = P(i_{t+1} = q_j \mid i_t = q_i)$ ，其中， $i = 1, 2, \cdots, N$ ， $j = 1, 2, \cdots, N$ 。而显然，观测概率矩阵 B

是一个 $N \times M$ 的矩阵： $B = \begin{bmatrix} b_{11} & b_{12} & b_{13} & \cdots & b_{1M} \\ b_{21} & b_{22} & b_{23} & \cdots & b_{2M} \\ b_{31} & b_{32} & b_{33} & \cdots & b_{3M} \\ \cdots & \cdots & \cdots & & \cdots \\ b_{N1} & b_{N2} & b_{N3} & \cdots & b_{NM} \end{bmatrix}$ 。

b_{ij} 指的是在某时刻 t ，隐状态为 q_i 的情况下，对应生成观测 v_j 的

概率，即：$b_{ij} = P(o_t = v_j \mid i_t = q_i)$，其中，$i = 1, 2, \cdots, N$，$j = 1, 2, \cdots, M$。

4.4.6 关键性质：齐次马尔可夫性和观测独立性

齐次马尔可夫性的含义是 t 时刻隐状态只与前一时刻隐状态相关。

在隐马尔可夫模型的三要素中，状态转移概率矩阵 A 和初始状态概率向量 π 就完全确定了隐藏的马尔可夫链，在我们前面的内容中已经讲过，这个隐状态的马尔可夫链是满足马尔可夫性的。隐状态的马尔可夫链在任意 t 时刻的隐状态只依赖于前一时刻的隐状态，而与更早的隐状态无关，当然更与观测无关。

这个性质用条件概率的表达式表述如下。

$$P(i_t \mid i_{t-1}, o_{t-1}, i_{t-2}, o_{t-2}, \cdots, i_1, o_1) = P(i_t \mid i_{t-1})$$

观测独立性指的是 t 时刻的观测只与该时刻的隐状态相关。

隐马尔可夫模型在确定了隐藏的状态序列之后，隐状态序列将和观测概率矩阵 B 共同确定观测序列的生成，并且我们需要牢记的一点是，任意时刻的观测只依赖于该时刻隐马尔可夫链的隐状态，与其他时刻的隐状态和观测无关。

同样地，这个性质也可以用条件概率的表达式进行描述：

$$P(o_t \mid i_t, i_{t-1}, o_{t-1}, i_{t-2}, o_{t-2}, \cdots, i_1, o_1) = P(o_t \mid i_t)$$

4.5 概率估计：隐马尔可夫模型观测序列描述

这一节，我们在熟悉了隐马尔可夫模型原理的基础上，重点研究如何利用前向概率算法高效解决隐马尔可夫模型的概率估计问题。

4.5.1 隐马尔可夫模型的研究内容

我们先来看一个例子，了解为什么要研究隐马尔可夫模型，以及研究的关键点在哪。

大家应该都知道用骰子猜大小的游戏：掷出骰子，如果点数为 1、2、3，则为小，如果点数为 4、5、6，则为大。对于一个正常的骰子而言，掷出 1、2、3、4、5、6 的点数的概率是相等的，即都为 $\frac{1}{6}$，因此掷骰子大小的概率各半，这个结果对于玩家而言是公平的，输赢纯凭运气。

但是如果掷骰子的人作弊呢？也就是说他手上的骰子是特制的，各个点数投掷出来的概率不均等。

举个例子，掷骰子的人手上有 3 个骰子，1 号骰子是正常的，2 号骰子和 3 号骰子都是特制的，他每次使用其中一个骰子进行投掷，并且不停地偷偷切换这 3 个骰子，也就是说玩家不知道他使用的是哪个骰子，这对应的就是隐状态，而骰子掷出的点数就对应着观测，这个很好理解。

则由两个作弊的骰子掷出各个点数的概率，也就是输出概率如图 4-16 所示。

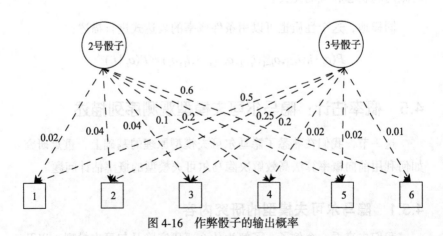

图 4-16 作弊骰子的输出概率

同时，掷骰子的人每次随机使用其中一个骰子，在 3 个骰子之间互相转换的过程符合马尔可夫性，因此这里还包含一个 3 个骰子之间相互切换的概率转移矩阵。

4.5.2 模型研究问题的描述

基于上述背景，我们来谈谈隐马尔可夫模型到底可以研究些什么。

第一个研究的内容是观测序列的概率估计：当我们知道掷骰子的人切换 3 个骰子的转移概率矩阵以及各个骰子输出各点数的概率时，就可以计算出任意一个观测序列出现的概率，比如掷骰子的人诡异地连续掷出 8 个 6，我们看看这种情况发生的概率有多大。

用隐马尔可夫模型的形式化语言概括就是：在给定隐马尔可夫模型三要素 $\lambda = (A, B, \pi)$ 的基础上，针对一个具体的观测序列 $O = (o_1, o_2, o_3, \cdots, o_T)$，求它出现的概率。

第二个研究的内容是隐状态序列的解码：我们可以通过已知的观测序列，也就是骰子的点数序列，来解码出掷骰子的人所使用的骰子的序列，也就是隐状态序列。换句话说，就可以推测出每一个掷出点数背后，掷骰子的人用的是哪一个骰子，以此判断他什么时候作弊了。

用隐马尔可夫模型的形式化语言概括就是：在给定隐马尔可夫模型三要素 $\lambda = (A, B, \pi)$ 和观测序列 $O = (o_1, o_2, o_3, \cdots, o_T)$ 的基础上，求最有可能对应的隐藏状态序列 $I = (i_1, i_2, i_3, \cdots, i_T)$。

那么具体该怎么做呢？我们接下来开始详细讲解，这一小节里我们先介绍指定观测序列的概率估计问题，即在已知模型参数 $\lambda = (A, B, \pi)$ 的基础上，求指定观测序列 $O = (o_1, o_2, o_3, \cdots, o_T)$ 出现的概率，也就是我们上面例子中所说的，求扔出一串指定点数骰子的概率，那么用条件概率来表示，我们的计算目标就是：求 $P(O|\lambda)$ 的概率。

4.5.3　一个直观的思路

先来梳理一下思路，我们知道，对于同一个观测序列 O 而言，可以对应不同的隐状态序列 I，实际上所有的隐状态序列 I 都能够以一定的概率生成这个观测序列 O。

那么按这个思路，$P(O|\lambda)$ 的求解过程就可以看作是通过对一系列不同 I 和指定对应 O 的联合概率进行求和，最终得到边缘概率的过程：$P(O|\lambda) = \sum_I P(O,I|\lambda)$。

联合概率 $P(O,I|\lambda)$ 按照贝叶斯公式进行展开有：$P(O,I|\lambda) = P(O|I,\lambda)P(I|\lambda)$，代入到原始公式中，将目标式子转化为

$$P(O|\lambda) = \sum_I P(O|I,\lambda)P(I|\lambda)$$

这个概率怎么计算呢？对于任意一个隐状态序列，我们设它的序列为：$I = (i_1, i_2, i_3, \cdots, i_T)$，同时转移概率矩阵为 A。那么利用马尔可夫链生成这个隐状态：

$$P(I|\lambda) = \pi_{i_1} a_{i_1 i_2} a_{i_2 i_3} a_{i_3 i_4} \cdots a_{i_{T-1} i_T}$$

再接着求解概率 $P(O|I,\lambda)$，$P(O|I,\lambda)$ 的本质是利用已知的隐状态序列 $I = (i_1, i_2, i_3, \cdots, i_T)$ 生成指定的观测序列 $O = (o_1, o_2, o_3, \cdots, o_T)$，这里要运用输出概率矩阵 B：$P(O|I,\lambda) = b_{i_1 o_1} b_{i_2 o_2} b_{i_3 o_3} \ldots b_{i_T o_T}$。

把它合并起来就有：

$$P(O,I|\lambda) = P(O|I,\lambda)P(I|\lambda) = \pi_{i_1} b_{i_1 o_1} a_{i_1 i_2} b_{i_2 o_2} a_{i_2 i_3} b_{i_3 o_3} \ldots a_{i_{T-1} i_T} b_{i_T o_T}$$

补充一句，我们从 $P(O,I|\lambda)$ 和 $P(O|I,\lambda)$ 表达式的不同，就能体会到这两个概率式子的不同含义。

看上去 $P(O,I\,|\,\lambda)=P(O\,|\,I,\lambda)P(I\,|\,\lambda)$ 的计算并不难，就是 $2T$ 次乘法运算，但是请注意，它外面还有一个求和的 Σ 运算，恐怖的地方在这里，这相当于要对每一个可能出现的隐状态序列都进行 $2T$ 次乘法运算。而隐状态序列有多少个？序列长度为 T，隐状态集中有 N 个状态，那么所有隐状态序列的个数就是 N^T，整个运算复杂度就是 $O(TN^T)$，这计算量恐怕是常人不能接受的。

4.5.4　更优的方法：前向概率算法

这里我们一般采取基于递推的前向概率算法进行计算，这个算法有一定的推导过程，本质就是不断地在条件概率、联合概率和边缘概率之间做转换，这也是一个很好的复习过程。

我们先定义一个变量：$\alpha_t(i)=P(o_1,o_2,\cdots,o_t,i_t=q_i\,|\,\lambda)$。

那么，这个变量和我们的目标计算概率 $P(O\,|\,\lambda)$，也就是 $P(o_1,o_2,\cdots,o_T\,|\,\lambda)$ 有什么联系？还是那个思路，利用联合概率求解边缘概率：$P(o_1,o_2,\cdots,o_T\,|\,\lambda)=\sum\limits_{i=1}^{N}P(o_1,o_2,\cdots,o_T,i_T=q_i\,|\,\lambda)$，请仔细看，$P(o_1,o_2,\cdots,o_T,i_T=q_i\,|\,\lambda)$ 这不就是 $\alpha_T(i)$ 吗？

于是整个目标概率就变成了 $P(o_1,o_2,o_3,\cdots,o_T\,|\,\lambda)=\sum\limits_{i=1}^{N}\alpha_T(i)$，问题来了，如何求 $\alpha_T(i)$？

这里我先抛出一个递推公式：$\alpha_{t+1}(i)=\left[\sum\limits_{j=1}^{N}\alpha_t(j)a_{ji}\right]b_{io_{t+1}}$。

这个公式是一个神器，它的物理意义很直观，$\alpha_t(j)=P(o_1,o_2,\cdots,o_t,i_t=q_j\,|\,\lambda)$ 表达的是在时刻 t，一方面已经形成观测序列

$(o_1, o_2, \cdots, o_t)$ ，另一方面此时隐状态是 $i_t = q_j$ ，很明显的是，j 取 1 到 N 任意一个值，都可以通过转移概率在 $t+1$ 时刻转移到 $i_{t+1} = q_i$ ，因此合并所有 $\alpha_t(j)a_{ji}$ 之后，再在 $i_{t+1} = q_i$ 的隐状态上输出 o_{t+1} ，就得到了 $\alpha_{t+1}(i)$ 。

以上是从内涵意义层面进行的推导，下面只要证明这个递推公式成立，就能放心大胆地从 $\alpha_1(i)$ 一步一步递推到 $\alpha_T(i)$ 了。

怎么证明这个递推关系成立呢？大家都不喜欢看大篇幅的公式证明，但是这里确实是不可避免的，必须要真刀真枪地把问题说清楚，下面我来个庖丁解牛，一定要大家轻轻松松搞明白其中原理。

在推导之前，还是要再强调一下，所有的推导都是建立在以下两个关键点上的：

1）联合概率到边缘概率的转换关系；

2）条件概率到联合概率的转换关系，也就是贝叶斯公式。

首先拿出定义：$\alpha_t(i) = P(o_1, o_2, o_3, \cdots, o_t, i_t = q_i \mid \lambda)$ 。

然后看 a_{ji} ，这个再熟悉不过了，隐状态从 t 时刻的状态 j 转移到 $t+1$ 时刻的状态 i 的概率，写作条件概率就是：$a_{ji} = P(i_{t+1} = q_i \mid i_t = q_j, \lambda)$ 。

关键的地方到了，我们按照递推公式把它们写在一起：

$$\sum_{j=1}^{N} \alpha_t(j) a_{ji}$$
$$= \sum_{j=1}^{N} P(o_1, o_2, o_3, \cdots, o_t, i_t = q_j \mid \lambda) P(i_{t+1} = q_i \mid i_t = q_j, \lambda)$$

下一步就是利用贝叶斯公式，将条件概率转换为联合概率，即 $P(A,B) = P(A)P(B \mid A)$ ，那么很显然：

$$\sum_{j=1}^{N} \alpha_t(j) a_{ji} = \sum_{j=1}^{N} P(o_1, o_2, o_3, \cdots, o_t, i_t = q_j \mid \lambda) P(i_{t+1} = q_i \mid i_t = q_j, \lambda)$$

$$= \sum_{j=1}^{N} P(o_1, o_2, o_3, \cdots, o_t, i_t = q_j, i_{t+1} = q_i \mid \lambda)$$

接下来显然是一个联合概率到边缘概率的转换过程，说明白点就是经过 1 到 N 的求和之后，$i_t = q_j$ 这一块就被"边缘"了，就变为

$$\sum_{j=1}^{N} \alpha_t(j) a_{ji} = \sum_{j=1}^{N} P(o_1, o_2, o_3, \cdots, o_t, i_t = q_j \mid \lambda) P(i_{t+1} = q_i \mid i_t = q_j, \lambda)$$

$$= \sum_{j=1}^{N} P(o_1, o_2, o_3, \cdots, o_t, i_t = q_j, i_{t+1} = q_i \mid \lambda)$$

$$= P(o_1, o_2, o_3, \cdots, o_t, i_{t+1} = q_i \mid \lambda)$$

还觉得证明过程遥遥无期吗？最后，引入 $b_{io_{t+1}} = P(o_{t+1} \mid i_{t+1} = q_i, \lambda)$，$b_{io_{t+1}}$ 是观测输出概率，表示在时刻 $(t+1)$，隐状态为 q_i 时输出观测为 o_{t+1} 的概率。

则递推公式的完整形式：

$$\left[\sum_{j=1}^{N} \alpha_t(j) a_{ji} \right] b_{io_{t+1}} = P(o_1, o_2, o_3, \cdots, o_t, i_{t+1} = q_i \mid \lambda) P(o_{t+1} \mid i_{t+1} = q_i, \lambda),$$

这又是一个条件概率到联合概率的转换过程。

$$P(o_1, o_2, o_3, \cdots, o_t, i_{t+1} = q_i \mid \lambda) P(o_{t+1} \mid i_{t+1} = q_i, \lambda)$$

$$= P(o_1, o_2, o_3, \cdots, o_t, o_{t+1}, i_{t+1} = q_i \mid \lambda)$$

看！$P(o_1, o_2, o_3, \cdots, o_{t+1}, i_{t+1} = q_i \mid \lambda)$ 不就是 $\alpha_{t+1}(i)$ 吗？这样一来，

$\alpha_{t+1}(i) = \left[\sum_{j=1}^{N} \alpha_t(j) a_{ji} \right] b_{io_{t+1}}$ 就推导出来了。说实话，推导出来感觉挺激动的。

那么有了递推公式 $\alpha_{t+1}(i) = \left[\sum_{j=1}^{N} \alpha_t(j)a_{ji}\right]b_{io_{t+1}}$，我们需要再明确一下初始值 $\alpha_1(i)$ 的求法，这样就可以一路从头推到尾，最终推到 $\alpha_T(i)$。

很显然，$\alpha_1(i) = P(o_1, i_1 = q_i \mid \lambda) = \pi_i b_{io_1}$。

为了无死角地说明问题，我们把 $\pi_i b_{io_1}$ 展开：

$$\pi_i b_{io_1} = P(i_1 = q_i \mid \lambda)P(o_1 \mid i_1 = q_i, \lambda) = P(o_1, i_1 = q_i \mid \lambda) = \alpha_1(i)$$

最终，证明了 $\alpha_1(i) = \pi_i b_{io_1}$ 的等式是成立的。

至此，全部证明结束，看似漫长的过程，但我认为思路异常清晰，就是不断地利用贝叶斯公式、联合概率与边缘概率转换的公式进行推导。

最后我们总结一下整个算法的计算过程。

我们令：$\alpha_t(i) = P(o_1, o_2, o_3, \cdots, o_t, i_t = q_i \mid \lambda)$；

初始值：$\alpha_1(i) = \pi_i b_{io_1}$；

递推关系：$\alpha_{t+1}(i) = \left[\sum_{j=1}^{N} \alpha_t(j)a_{ji}\right]b_{io_{t+1}}$，一直推到 $\alpha_T(i)$；

最后再把它们相加就得到了结果：$P(O \mid \lambda) = \sum_{i=1}^{N} \alpha_T(i)$。

4.5.5　概率估计实践

本节我们通过盒子与球的例子，实践观测序列的概率估计问题。

模型中，隐状态集合 $Q = \{$盒子 1，盒子 2，盒子 3$\}$，初始概率分布 $\boldsymbol{\pi} = [0.3, 0.5, 0.2]^{\mathrm{T}}$。状态概率矩阵：$A = \begin{bmatrix} 0.4 & 0.4 & 0.2 \\ 0.3 & 0.2 & 0.5 \\ 0.2 & 0.6 & 0.2 \end{bmatrix}$，观测集合

$V = \{黑球，白球\}$。观测概率矩阵：$\boldsymbol{B} = \begin{bmatrix} 0.2 & 0.8 \\ 0.6 & 0.4 \\ 0.4 & 0.6 \end{bmatrix}$。

我们先来计算一下指定观测序列 $O =$ (黑，白，黑)的概率。

显然，我们首先计算初始值：

$$\alpha_1(1) = \pi_1 b_{1o_1} = 0.3 \times 0.2 = 0.06$$
$$\alpha_1(2) = \pi_2 b_{2o_1} = 0.5 \times 0.6 = 0.30$$
$$\alpha_1(3) = \pi_3 b_{3o_1} = 0.2 \times 0.4 = 0.08$$

然后开始递推。

$t = 2$:

$$\alpha_2(1) = \left[\sum_{i=1}^{3}\alpha_1(i)a_{i1}\right]b_{1o_2} = (0.06 \times 0.4 + 0.3 \times 0.3 + 0.08 \times 0.2) \times 0.8$$
$$= 0.104$$

$$\alpha_2(2) = \left[\sum_{i=1}^{3}\alpha_1(i)a_{i2}\right]b_{2o_2} = (0.06 \times 0.4 + 0.3 \times 0.2 + 0.08 \times 0.6) \times 0.4$$
$$= 0.0528$$

$$\alpha_2(3) = \left[\sum_{i=1}^{3}\alpha_1(i)a_{i3}\right]b_{3o_2} = (0.06 \times 0.2 + 0.3 \times 0.5 + 0.08 \times 0.2) \times 0.6$$
$$= 0.1068$$

$t = 3$:

$$\alpha_3(1) = \left[\sum_{i=1}^{3}\alpha_2(i)a_{i1}\right]b_{1o_3}$$
$$= (0.104 \times 0.4 + 0.0528 \times 0.3 + 0.1068 \times 0.2) \times 0.2$$
$$= 0.01576$$

$$\alpha_3(2) = \left[\sum_{i=1}^{3} \alpha_2(i) a_{i2}\right] b_{2o_3}$$
$$= (0.104 \times 0.4 + 0.0528 \times 0.2 + 0.1068 \times 0.6) \times 0.6$$
$$= 0.069744$$

$$\alpha_3(3) = \left[\sum_{i=1}^{3} \alpha_2(i) a_{i3}\right] b_{3o_3}$$
$$= (0.104 \times 0.2 + 0.0528 \times 0.5 + 0.1068 \times 0.2) \times 0.4$$
$$= 0.027424$$

最终:

$$P(O|\lambda) = \sum_{i=1}^{3} \alpha_3(i) = 0.015\,76 + 0.069\,744 + 0.027\,424 = 0.112\,928$$

也就是说,观测序列 $O = ($黑,白,黑$)$ 的概率为 $0.112\,928$。

4.5.6 代码实践

最后,我们用程序来演示上述计算过程,在 Python 中有一个第三方库 hmmlearn,利用它可以进行隐马尔可夫模型的相关计算,我们之前大篇幅的概率计算,如果用 hmmlearn 库来实现,只需要几行代码。

不过需要说明一点,用 pip3 install hmmlearn 命令安装库会出问题,建议大家先从 https://www.lfd.uci.edu/~gohlke/pythonlibs/里直接下载二进制文件 hmmlearn-0.2.2-cp37-cp37m-win_amd64.whl,将其放在 Python 安装路径的 Lib 目录下(我是放在 D:\python37\Lib),然后再利用 pip3 install hmmlearn-0.2.2-cp37-cp37m-win_amd64.whl 命令进行安装,隐马尔可夫模型概率估计如代码清单 4-8 所示。

代码清单 4-8 隐马尔可夫模型概率估计的代码演示

```
import numpy as np
```

```
from hmmlearn import hmm

# 隐状态集合 Q
states = ['box1', 'box2', 'box3']
# 观测集合 V
observations = ['black', 'white']
# 初始概率 pi
start_probability = np.array([0.3, 0.5, 0.2])
# 状态转移矩阵 A
transition_probability = np.array([
  [0.4, 0.4, 0.2],
  [0.3, 0.2, 0.5],
  [0.2, 0.6, 0.2]
])

# 观测概率矩阵 B
emission_probability = np.array([
  [0.2, 0.8],
  [0.6, 0.4],
  [0.4, 0.6]
])

# 选用 MultinomialHMM 对离散观测状态建模
model = hmm.MultinomialHMM(n_components=len(states))
model.startprob_ = start_probability
model.transmat_ = transition_probability
model.emissionprob_ = emission_probability

# 观测序列
obervation_list = np.array([0, 1, 0])
# 计算观测序列的概率，计算出来的是概率值的自然对数值
print(model.score(obervation_list.reshape(-1, 1)))
```

运行结果如下。

```
-2.1810048314892776
```

　　请大家注意，这里计算出来的结果不是一个概率值，而是取的概率值的自然对数，因此我们还需要进行还原：$e^{-2.181\,004\,831\,489\,277\,6} =$

0.112 927 999，发现计算后的结果和我们手算的结果完全一致。

4.6 状态解码：隐马尔可夫模型隐状态揭秘

这一节，我们继续探讨隐马尔可夫模型，利用维特比算法解决隐马尔可夫模型的状态解码问题。

4.6.1 隐状态解码问题的描述

解码就是给定一个已知的观测序列，求它最有可能对应的状态序列。那么用形式化的语言来说，就是已知模型 $\lambda = (A, B, \pi)$ 和观测序列 $O = (o_1, o_2, \cdots, o_T)$，求使得条件概率 $P(I|O)$ 最大的隐状态序列 $I = (i_1, i_2, \cdots, i_T)$。

我们一步一步来看，先不考虑输出观测，仅考虑隐状态的转移，厘清一下思路，首先我们的目标是找到路径概率最大的一条状态序列。参考图 4-17，会更好理解一些。

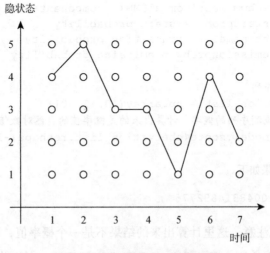

图 4-17　隐状态序列的转移路径

图 4-17 展现的是隐马尔可夫模型中的状态序列，一共包含 5 种隐状态，状态序列的长度为 7，图中横轴是时间，纵轴是隐状态。

4.6.2 最大路径概率与维特比算法

我们从整个隐状态序列的最后往前面看，在第 7 个时间点，也就是最后一个时间点，要考虑状态序列的最后一个状态是 [1,2,3,4,5] 中的哪一个。实质上就是比较路径以谁为结束状态，整个路径的概率最大。

那么回到最后一个时间节点 7，问题就落在如果状态转移路径以结束于状态 k 的路径概率最大（可以是状态 1~状态 5 中的任意一个，暂且不管具体是哪一个，只需知道肯定是其中一个），那么这个概率该怎么表示呢？很显然，它依赖于时间节点 6 可能选取的 5 个状态。

实际上，时间节点 6 取 5 个状态中的哪一个都是有可能的，可能由时间节点 6 处的状态 1 转移到时间节点 7 处的状态 k，也可能由状态 2 转移到时间节点 7 的状态 k，当然也可能是状态 3、状态 4 或者状态 5。最终就看从哪里转移过去的路径概率最大，就选择从哪里转移过去，过程示意如图 4-18 所示。

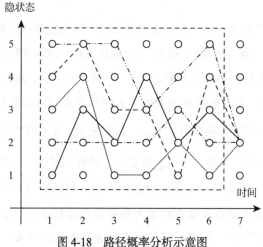

图 4-18　路径概率分析示意图

令 X_{6i} 表示到达时间节点 6 时，状态为 i 的最大路径概率，当然，状态 i 可以取 $\{1,2,3,4,5\}$ 中的任意一个，那么实际上就有 $X_{61}, X_{62}, X_{63}, X_{64}, X_{65}$ 五个不同的值。在图 4-18 中，就对应了虚线框中 5 种不同曲线示意的到达时间节点 6 的 5 条路径，它们分别都是在时间节点 6 时到达对应状态 i 的最大概率路径。

那么用 X_{6i} 乘以对应的状态转移概率，即 $X_{6i}A_{ik}$，就前进到第 7 个时间节点了，计算出隐状态序列 $\{x,x,x,x,x,i,k\}$ 的路径概率。首先我们固定一个第 7 个时间节点结束的状态，比如选取状态 1，那么我们可以分别求出从第 6 个时间节点的状态 1、状态 2、状态 3、状态 4、状态 5 分别转移到第 7 个节点状态 1 的概率：$X_{61}A_{11}, X_{62}A_{21}, X_{63}A_{31}, X_{64}A_{41}, X_{65}A_{51}$，计算出这 5 个值，其中最大的就是结束于状态 1 的最大路径概率。

同样地，我们可以假设令第 7 个时间节点的结束状态分别为 2、3、4、5，按照上面的方法，分别计算出结束于每一个状态的最大路径概率，我们取最大的一个，就可以真正定下这条路径最后结束于哪一个状态了。

这里我们补充一点，为什么要强调 X_{6i} 是表示到达时间节点 6 时，状态为 i 的最大路径概率？"最大"二字道理何在？因为我们需要 $X_{6i}A_{ik}$ 最大，由于对于每一个指定的状态 k，A_{ik} 都是固定的，所以就必须要求 X_{6i} 是最大的，否则如果有更大的第 6 时间节点到达状态 i 的路径概率 X'_{6i}，我们就要再替换原有的 X_{6i}，这就是 X_{6i} 表示最大概率的原因。

但是问题来了，每一个 X_{6i} 是多少？同样的道理，它依赖于第 5 个时间点的 X_{5j}，即每一个时间点到达某个具体状态的最大路径概率都是在前一个时间点到达各状态的最大路径概率的基础上，乘以状态转移概率再比较而来的，那何时是个尽头？走到头就是尽头，要走到最早的时间节点 1，而时间节点 1 的最大概率我们是可以直接算出来的。

我们从时间节点 1 出发，正过来，重新描述一下整个过程。

首先在时间节点 1，我们计算出各状态出现的概率，由于只有一个节点，因此这个概率值就是此时的最大路径概率 X_{1i}。

然后我们前进到时间节点 2，对于每一个状态 j，利用时间节点 1 的每一个状态的最大路径概率乘以转移概率，得到 5 个到达时间节点 2 状态 j 的路径概率值，取最大的一个就是此时的最大路径概率 X_{2j}。

即：$X_{2j} = \max(X_{1i}A_{ij})$，$i$ 遍历 1,2,3,4,5 每一个状态。同时我们还需要知道此时时间节点 2 状态 j 在获取最大路径概率 X_{2j} 的情况下，是由时间节点 1 中的哪个状态转移而来的，把状态序号记录下来。

以此类推，通过基于时间节点 t，获取各状态的最大路径概率，就可以向前计算出 $t+1$ 各状态的最大路径概率，直到最后一个时间节点 T。我们得到时间节点 T 的所有状态的最大概率路径 X_{Ti}，i 遍历 1,2,3,4,5，取最大的一个 X_{Ti}，即 $\max(X_{Ti})$，就是我们要求的最大路径概率以及结束的状态，再依据我们记录的前一状态进行回溯，就能得出整个状态序列。

以上就是求取最大概率路径的过程，也就是大名鼎鼎的维特比算法。

4.6.3 应用维特比算法进行解码

接下来，我们把维特比算法引入隐马尔可夫模型中进行解码，维特比算法中的最大概率路径对应隐马尔可夫模型中要找的最有可能的隐状态序列，不过在计算过程中，我们不光要考虑隐状态的状态转移概率，还要考虑观测输出概率。

换句话说，我们要寻找一条隐状态序列 $(i_1, i_2, i_3, \cdots, i_t)$，用它去生

成指定的观测序列 $(o_1, o_2, o_3, \cdots, o_t)$，使得这个观测序列存在的概率最大。

用公式进行描述就是

$$\delta_t(i) = \max P(i_t = i, i_{t-1}, \cdots, i_1, o_t, \cdots, o_1), i = 1,2,3,\cdots,N$$

表示在时刻 t，结束于隐状态 i，同时满足观测序列 $(o_1, o_2, o_3, \cdots, o_t)$ 的最大路径概率。这个表达式同时考虑了隐状态和输出观测，是一个联合概率，其中 $i = 1,2,3,\cdots,N$，最终也是取 P 值最大的一个。

那么依次类推：

$$\delta_{t+1}(i) = \max P(i_{t+1} = i, i_t, i_{t-1}, \cdots, i_1, o_{t+1}, o_t, \cdots, o_1), i = 1,2,3,\cdots,N$$

$\delta_{t+1}(i)$ 和 $\delta_t(i)$ 的递推关系是怎么样的？我们根据隐马尔可夫模型先进行状态转移，再观测输出的过程，不难写出它们的递推关系：

$$\delta_{t+1}(i) = \max\left[\delta_t(j)a_{ji}b_{io_{t+1}}\right], \quad 1 \leqslant j \leqslant N$$

当然，我们也可以证明一下这个过程，其实非常简单，实质上就是反复使用贝叶斯公式进行概率等式的转换。

$$\max\left[\delta_t(j)a_{ji}b_{io_{t+1}}\right]$$
$$= \max\left[\max P(i_t = j, i_{t-1}, \cdots, i_1, o_t, \cdots, o_1)P(i_{t+1} = i \mid i_t = j)P(o_{t+1} \mid i_{t+1} = i)\right]$$
$$= \max\left[P(i_{t+1} = i, i_t, i_{t-1}, \cdots, i_1, o_t, \cdots, o_1)P(o_{t+1} \mid i_{t+1} = i)\right]$$
$$= \max P(i_{t+1} = i, i_t, i_{t-1}, \cdots, i_1, o_{t+1}, o_t, \cdots, o_1) = \delta_{t+1}(i)$$

我们回过头来看一下这个递推公式：$\delta_{t+1}(i) = \max\left[\delta_t(j)a_{ji}b_{io_{t+1}}\right]$，和上面维特比算法中简单路径概率的例子相比，就是多了一个观测输出概率 $b_{io_{t+1}}$，这个值是已知的，比单纯的简单路径概率问题多进行一次观测输出概率的相乘运算，因此本质上并无二致。

　　因此，我们同样按照维特比算法中的思路从 $\delta_1(i)$ 开始，一步一步按照之前介绍过的方法推导到 $\delta_T(i)$，求得最大的概率，同时在递推的过程中，在每一个时间点 t 都记录好上一个时间点 $t-1$ 的隐状态，以便于最后的状态回溯。还是那句话，思路和维特比算法中的最大路径概率计算没有什么区别。

4.6.4　维特比算法的案例实践

　　我们还是利用盒子与球的模型实践一下计算过程。

　　模型中，隐状态集合 Q = {盒子 1，盒子 2，盒子 3}，初始概率 $\pi = (0.3, 0.5, 0.2)^T$。状态概率矩阵：$A = \begin{bmatrix} 0.4 & 0.4 & 0.2 \\ 0.3 & 0.2 & 0.5 \\ 0.2 & 0.6 & 0.2 \end{bmatrix}$，观测集合 V = {黑球，白球}，观测概率矩阵：$B = \begin{bmatrix} 0.2 & 0.8 \\ 0.6 & 0.4 \\ 0.4 & 0.6 \end{bmatrix}$。

　　观测序列为 O = (黑，白，黑)，我们对其进行解码，求最有可能的隐状态序列。

　　首先进行初始化，在 $t=1$ 时，隐状态是 i 观测 o_1 为黑球的概率 $\delta_1(i)$，显然，我们要把隐状态为 1 号盒子、2 号盒子和 3 号盒子都计算一遍，即：

$$\delta_1(1) = \pi_1 b_{1o_1} = 0.3 \times 0.2 = 0.06$$
$$\delta_1(2) = \pi_2 b_{2o_1} = 0.5 \times 0.6 = 0.3$$
$$\delta_1(3) = \pi_3 b_{3o_1} = 0.2 \times 0.4 = 0.08$$

　　递推到 $t=2$ 时，递推公式：$\delta_2(i) = \max[\delta_1(j)a_{ji}]b_{io_2}$，其中 $1 \leqslant j \leqslant 3$。

这表示在 $t=1$ 时隐状态为 j 号盒子，输出观测 o_1 = 黑球，$t=2$ 时隐状态为 i 号盒子，输出观测 o_2 = 白球的最大概率。我们分别计算 $t=2$ 时，$i=1,2,3$（也就是对应隐状态为 1 号盒子、2 号盒子和 3 号盒子）的不同取值。

$$
\begin{aligned}
\delta_2(1) &= \max[\delta_1(j)a_{j1}]b_{1o_2} \\
&= \max[\delta_1(1)a_{11}, \delta_1(2)a_{21}, \delta_1(3)a_{31}]b_{1o_2} \\
&= \max(0.06 \times 0.4, 0.3 \times 0.3, 0.08 \times 0.2) \times 0.8 \\
&= \max(0.024, 0.09, 0.016) \times 0.8 \\
&= 0.072
\end{aligned}
$$

记录 $t=1$ 时，回溯为 $j=2$，对应花括号中 0.09 的取值。

$$
\begin{aligned}
\delta_2(2) &= \max[\delta_1(j)a_{j2}]b_{2o_2} \\
&= \max[\delta_1(1)a_{12}, \delta_1(2)a_{22}, \delta_1(3)a_{32}]b_{2o_2} \\
&= \max(0.06 \times 0.4, 0.3 \times 0.2, 0.08 \times 0.6) \times 0.4 \\
&= \max(0.024, 0.06, 0.048) \times 0.4 \\
&= 0.024
\end{aligned}
$$

记录 $t=1$ 时，回溯为 $j=2$，对应花括号中 0.06 的取值。

$$
\begin{aligned}
\delta_2(3) &= \max[\delta_1(j)a_{j3}]b_{3o_2} \\
&= \max[\delta_1(1)a_{13}, \delta_1(2)a_{23}, \delta_1(3)a_{33}]b_{3o_2} \\
&= \max(0.06 \times 0.2, 0.3 \times 0.5, 0.08 \times 0.2) \times 0.6 \\
&= \max(0.012, 0.15, 0.016) \times 0.6 \\
&= 0.09
\end{aligned}
$$

记录 $t=1$ 时，回溯为 $j=2$，对应花括号中 0.15 的取值。

阶段性地，我们把递推到 $t=2$ 的图像绘制出来，如图 4-19 所示。

最后我们递推到 $t=3$，此时观测输出 o_3 = 黑球，过程如法炮制：

$$\begin{aligned}
\delta_3(1) &= \max[\delta_2(j)a_{j1}]b_{1o_3}\\
&= \max[\delta_2(1)a_{11},\delta_2(2)a_{21},\delta_2(3)a_{31}]b_{1o_3}\\
&= \max(0.072\times0.4,0.024\times0.3,0.09\times0.2)\times0.2\\
&= \max(0.0288,0.0072,0.018)\times0.2\\
&= 0.005\,76
\end{aligned}$$

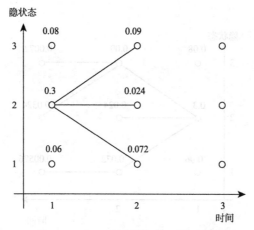

图 4-19 $t=2$ 时的观测概率示意图

记录 $t=2$ 时，回溯为 $j=1$，对应花括号中 0.0288 的取值。

$$\begin{aligned}
\delta_3(2) &= \max[\delta_2(j)a_{j2}]b_{2o_3}\\
&= \max[\delta_2(1)a_{12},\delta_2(2)a_{22},\delta_2(3)a_{32}]b_{2o_3}\\
&= \max(0.072\times0.4,0.024\times0.2,0.09\times0.6)\times0.6\\
&= \max(0.0288,0.0048,0.054)\times0.6\\
&= 0.032\,4
\end{aligned}$$

记录 $t=2$ 时，回溯为 $j=3$，对应花括号中 0.054 的取值。

$$\begin{aligned}
\delta_3(3) &= \max[\delta_2(j)a_{j3}]b_{3o_3}\\
&= \max[\delta_2(1)a_{13},\delta_2(2)a_{23},\delta_2(3)a_{33}]b_{3o_3}
\end{aligned}$$

$$= \max(0.072 \times 0.2, 0.024 \times 0.5, 0.09 \times 0.2) \times 0.4$$
$$= \max(0.0144, 0.012, 0.018) \times 0.4$$
$$= 0.0072$$

记录 $t = 2$ 时，回溯为 $j = 3$，对应花括号中 0.018 的取值。

结合观测输出概率，看一下此时各个隐状态的路径概率，就得到了图 4-20。

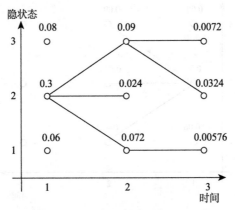

图 4-20　各隐状态的完整路径概率

图 4-20 不仅记录了整个路径概率，还反映了各时间点、各隐状态在上一时间节点的回溯状态。

我们从最后一个时间节点 3 开始看，显然选择隐状态 2，因为它的路径概率最大；然后回溯到时间节点 2，按图索骥显然是隐状态 3；再回溯到时间节点 1，是隐状态 2。

因此在这个盒子与球的模型下，我们由观测序列 $O =$ (黑，白，黑)解码出的隐状态序列是{2 号盒子，3 号盒子，2 号盒子}。

4.6.5　代码实践

最后，我们还是用 Python 代码来演示上述计算过程，如代码清单

4-9 所示。毕竟在实际工程中，我们不可能次次都用手来计算。

代码清单 4-9　隐马尔可夫模型状态解码的代码演示

```python
import numpy as np
from hmmlearn import hmm

# 隐状态集合 Q
states = ['box1', 'box2', 'box3']
# 观测集合 V
observations = ['black', 'white']
# 初始概率 pi
start_probability = np.array([0.3, 0.5, 0.2])
# 状态转移矩阵 A
transition_probability = np.array([
    [0.4, 0.4, 0.2],
    [0.3, 0.2, 0.5],
    [0.2, 0.6, 0.2]
])

# 观测概率矩阵 B
emission_probability = np.array([
    [0.2, 0.8],
    [0.6, 0.4],
    [0.4, 0.6]
])

# 选用 MultinomialHMM 对离散观测状态建模
model = hmm.MultinomialHMM(n_components=len(states))
model.startprob_ = start_probability
model.transmat_ = transition_probability
model.emissionprob_ = emission_probability

# 观测序列：黑白黑，0 和 1 是黑球、白球在观测集合中各自的索引
obervation_list = np.array([0, 1, 0])
# 调用维特比算法对观测序列进行隐状态解码
logprob, box_list = model.decode(obervation_list.
    reshape(-1, 1), algorithm='viterbi')
# 输出解码的隐状态序列
```

```
print(box_list)
for i in range(len(obervation_list)):
print(states[box_list[i]])
```

运行结果如下：

```
[1 2 1]
box2
box3
box2
```

box_list 中的元素表示的就是隐状态序列的索引。

我们设置好隐马尔可夫模型中的三要素，同时约定了初始概率、观测序列，运用维特比算法进行解码，程序得到的结果和我们手算的结果是一致的。

4.7　连续域上的无限维：高斯过程

这一节我们补充介绍另一种随机过程：高斯过程。顾名思义，"高斯"指的是高斯分布，"过程"指的是随机过程。

我们回过头来重新梳理一下整个高斯分布的脉络。

首先当随机变量是一维的时候，我们称之为一维高斯分布，概率密度函数 $p(x) = N(\mu, \sigma^2)$，当随机变量的维度上升到有限的 p 维的时候，称之为高维高斯分布，$p(x) = N(\mu, \Sigma_{p \times p})$。而高斯过程则更进一步，它是一个定义在连续域上的无限多个高斯随机变量组成的随机过程，换句话说，高斯过程是一个无限维的高斯分布。

更严谨的描述就是：对于一个连续域 T（假设它是一个时间轴），如果我们在连续域上任选 n 个时刻：$t_1, t_2, t_3, \cdots, t_n \in T$，使得获得的一个 n 维向量 $\{\xi_1, \xi_2, \xi_3, \cdots, \xi_n\}$ 都满足其是一个 n 维高斯分布，那么这个 $\{\xi_t\}$ 就是一个高斯过程。

4.7.1　高斯过程的一个实际例子

　　下面我们举一个实际例子，让大家能更直观地建立高斯过程的印象，在图 4-21 中，横轴 T 是一个关于时间的连续域，表示人的一生，而纵轴表示的是体能值。对于同一个人种的男性而言，在任意不同的时间点，体能值都服从正态分布，但是不同时间点分布的均值和方差不同。

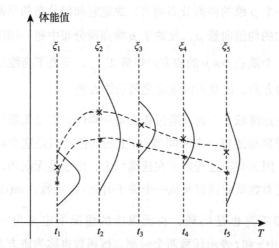

图 4-21　用不同时刻的体能值形象描述高斯过程的意义

　　图 4-21 中，我们取 t_1, t_2, t_3, t_4, t_5 这 5 个时间点，分别代表同一个男性群体童年、少年、青年、中年、老年的具体时刻，$\xi_1, \xi_2, \xi_3, \xi_4, \xi_5$ 分别对应 5 个时刻的体能值，它们都服从高斯分布，只不过从图中可以看出，均值和方差都不同。

　　对于连续时间轴 T 上的任意时间节点 t，$\xi_t \sim N(\mu_t, \sigma_t^2)$，也就是说对于一个确定的高斯过程而言，指定任意时刻 t，它的 μ_t 和 σ_t^2 都已经确定了。在图 4-21 中，我们对同一人种男性体能值在关键节点进行采样，然后平滑连接，也就是图中的两条虚线，便形成了这个高斯过程中的两个样本。

4.7.2 高斯过程的核心要素和严谨描述

如何用形式化的语言来描述一个具体的高斯过程呢? 很简单, 我们回忆一下, 最开始我们把高斯过程看作什么? 看作是无限维的高斯分布, 下面我们进行类比。

对于一个 p 维的高斯分布而言, 决定它如何分布的是两个参数, 一个是 p 维的均值向量 μ_p , 反映了 p 维高斯分布中每一维随机变量的期望, 另一个就是 $p \times p$ 的协方差矩阵 $\Sigma_{p \times p}$, 反映了高维分布中, 每一维自身的方差, 以及不同维度之间的协方差。

定义在连续域 T 上的高斯过程也是一样的, 它是无限维的高斯分布, 同样需要描述每一个时间节点 t 上的均值。但是这个时候就不能用向量了, 因为高斯过程定义在连续域上, 维数是无限的, 因此整个过程的均值参数就应该定义成一个关于时刻 t 的函数: $m(t)$ 。

协方差矩阵也是同理, 在无限维的情况下定义为一个核函数 $k(s,t)$, 其中 s 和 t 表示任意两个时刻。核函数也称为协方差函数, 是一个高斯过程的核心, 决定了高斯过程的性质。在研究和实践中, 核函数有很多种不同的类型, 对高斯过程的衡量方法也不尽相同, 这里我们介绍和使用的是最为常见的一个核函数: 径向基函数 (RBF), 其定义如下:

$$k(s,t) = \sigma^2 \exp\left(-\frac{\|s-t\|^2}{2l^2}\right)$$

其中 σ 和 l 是径向基函数的超参数, 是我们可以提前设置好的, 例如我们可以让 $\sigma = 1$, $l = 1$ 。从这个式子中, 我们可以解读出径向基函数的思想。

s 和 t 表示高斯过程连续域上两个不同的时间点，$\|s-t\|^2$ 是一个二范式，简单地说就是 s 和 t 之间的距离。径向基函数输出的是一个标量，代表的是 s 和 t 两个时间点各自高斯分布之间的协方差。很明显，径向基函数是一个关于 s,t 距离负相关的函数，两个时间点距离越大，对应的两个分布之间的协方差值越小，即相关性越弱；反之，两个时间点距离越近，对应的分布之间的协方差值就越大，即相关性越强。

由此，高斯过程的两个核心要素：均值函数和核函数的定义我们就描述清楚了，按照高斯过程存在性定理，一旦这两个要素确定了，那么整个高斯过程就确定了：

$$\xi_t \sim GP\big[m(t), k(t,s)\big]$$

4.7.3 径向基函数的代码演示

我们来看一段径向基函数的演示代码，如代码清单 4-10 所示。

代码清单 4-10 径向基函数演示代码

```python
import numpy as np

def gaussian_kernel(x1, x2, l=1.0, sigma_f=1.0):
    m, n = x1.shape[0], x2.shape[0]
    dist_matrix = np.zeros((m, n), dtype=float)
    for i in range(m):
        for j in range(n):
            dist_matrix[i][j] = np.sum((x1[i] -
                x2[j]) ** 2)
    return sigma_f ** 2 * np.exp(- 0.5 / l ** 2 *
            dist_matrix)

train_X = np.array([1, 3, 7, 9]).reshape(-1, 1)
                                    #转换为 4×1 矩阵形式
print(gaussian_kernel(train_X, train_X))
```

运行结果如下：

```
[[1.00000000e+00 1.35335283e-01 1.52299797e-08
  1.26641655e-14]
 [1.35335283e-01 1.00000000e+00 3.35462628e-04
  1.52299797e-08]
 [1.52299797e-08 3.35462628e-04 1.00000000e+00
  1.35335283e-01]
 [1.26641655e-14 1.52299797e-08 1.35335283e-01
  1.00000000e+00]]
```

在这个函数中，我们输入 4 个时间点：$[t_1,t_2,t_3,t_4]$，输出的是一个 4×4 的协方差矩阵，反映的是任意 t_i 和 t_j 两个时间点对应的高斯分布的协方差值，当 $i=j$ 时，就是自身的方差。

4.7.4 高斯过程回归原理详解

最后我们来看高斯过程回归。

这个过程可以看作是一个先验+观测值，然后推出后验的过程，怎么理解呢？

我们先通过 $\mu(t)$ 和 $k(s,t)$ 定义一个高斯过程，但是因为此时并没有任何观测值，所以这是一个先验。

那么，获得了一组观测值之后，如何修正这个高斯过程的均值函数和核函数，得到它的后验过程呢？

回顾一下高维高斯分布的条件概率，我们知道，高斯分布有一个很好的特性，那就是高斯分布的联合概率、边缘概率、条件概率仍然是满足高斯分布的。

假设 n 维随机变量满足高斯分布：$x \sim N(\mu,\Sigma_{n\times n})$，那么如果把这个 n 维的随机变量分成两部分：p 维的 x_a 和 q 维的 x_b，且满足 $n=q+p$，则按照均值向量 μ 和协方差矩阵 Σ 的分块规则，就可以写作：

$$x = \begin{bmatrix} x_a \\ x_b \end{bmatrix}_{p+q} \qquad \mu = \begin{bmatrix} \mu_a \\ \mu_b \end{bmatrix}_{p+q} \qquad \Sigma = \begin{bmatrix} \Sigma_{aa} & \Sigma_{ab} \\ \Sigma_{ba} & \Sigma_{bb} \end{bmatrix}$$

依据高斯分布的性质，我们知道下列条件分布依然是一个高维的高斯分布。

$$x_b \mid x_a \sim N\left(\mu_{b|a}, \Sigma_{b|a}\right)$$
$$\mu_{b|a} = \Sigma_{ba}\Sigma_{aa}^{-1}\left(x_a - \mu_a\right) + \mu_b$$
$$\Sigma_{b|a} = \Sigma_{bb} - \Sigma_{ba}\Sigma_{aa}^{-1}\Sigma_{ab}$$

也就是说，设置了高斯过程的先验参数，一旦我们得到一些观测值，就可以对高斯过程的均值函数和核函数进行修正，得到一个修正后的后验高斯过程，而更新后验参数的信息就来自观测值。

那么，将高斯过程对比高维高斯分布，我们把均值向量替换成均值函数，把协方差矩阵替换成核函数，就能够得到高斯过程基于观测值的后验过程参数表达式。

我们把取到的观测值对应的时刻记作向量 X，所有时刻对应的值则是另一个同维度的向量 Y，假设有 4 对观测值，则：

$$\left\{\left(X[1], Y[1]\right), \left(X[2], Y[2]\right), \left(X[3], Y[3]\right), \left(X[4], Y[4]\right)\right\}$$

对于余下的所有非观测点，在连续域上我们定义为 X^*，值定义为 $f(X^*)$。

首先，联合分布显然是满足无限维高斯分布的：

$$\begin{bmatrix} Y \\ f(X^*) \end{bmatrix} \sim N\left(\begin{bmatrix} \mu(X) \\ \mu(X^*) \end{bmatrix}, \begin{bmatrix} k(X,X) & k(X,X^*) \\ k(X^*,X) & k(X^*,X^*) \end{bmatrix}\right)$$

从这个联合分布派生出来的条件概率 $f(X^*)\mid Y$ 同样也服从高斯分布，当然这里指的是无限维高斯分布。其实对比一下，把 Y 看作 x_a，把 $f(X^*)$ 看作 x_b，可以直接类比条件分布的参数表达式：

$$f(X^*)|Y \sim N(\mu^*, k^*)$$

式中的 μ^* 和 k^* 就是条件分布下的后验高斯过程均值函数和核函数的形式。

类比后我们就可以写出表达式:

$$\mu^* = k(X^*, X)k(X, X)^{-1}[Y - \mu(X)] + \mu(X^*)$$
$$k^* = k(X^*, X^*) - k(X^*, X)k(X, X)^{-1}k(X, X^*)$$

4.7.5 高斯过程回归代码演示

下面我们来实际地进行代码演示,首先设置高斯过程先验的均值函数 $\mu(X) = 0$,径向基函数 $k(X, X^*) = \sigma^2 \exp\left(-\dfrac{\|X - X^*\|^2}{2l^2}\right)$ 中的超参数 $l = 0.5$, $\sigma = 0.2$ 。

然后我们在 $X = [1, 3, 7, 9]$ 的位置上设置一组观测值, Y 为 X 取正弦的基础上加一点高斯噪声(这个 Y 的公式没有任何实际物理意义,完全是随机选取的):

$$y = 0.4\sin(x) + N(0, 0.05)$$

我们在 4 个观测点的基础上,求高斯过程的后验。在代码清单 4-11 中,由于绘图是离散化处理的,因此对于连续域上的均值函数以及核函数,我们可以使用一个 n 很大的 n 维均值向量以及 $n \times n$ 协方差矩阵进行近似等价表示。

代码清单 4-11　高斯过程回归演示代码

```
import matplotlib.pyplot as plt
import numpy as np

#高斯核函数
```

```
def gaussian_kernel(x1, x2, l=0.5, sigma_f=0.2):
    m, n = x1.shape[0], x2.shape[0]
    dist_matrix = np.zeros((m, n), dtype=float)
    for i in range(m):
        for j in range(n):
            dist_matrix[i][j] = np.sum((x1[i] -
                x2[j]) ** 2)
    return sigma_f ** 2 * np.exp(- 0.5 / l ** 2 *
            dist_matrix)
```

```
#生成观测值, 取 sin 函数没有别的用意, 单纯就是为了计算出 Y
def getY(X):
    X = np.asarray(X)
    Y = np.sin(X)*0.4 + np.random.normal
        (0, 0.05, size=X.shape)
    return Y.tolist()
```

```
#根据观察点 X, 修正生成高斯过程新的均值和协方差
def update(X, X_star):
    X = np.asarray(X)
    X_star = np.asarray(X_star)
    K_YY = gaussian_kernel(X, X)  # K(X,X)
    K_ff = gaussian_kernel(X_star, X_star)  # K(X*, X*)
    K_Yf = gaussian_kernel(X, X_star)  # K(X, X*)
    K_fY = K_Yf.T # K(X*, X) 协方差矩阵是对称的,
            因此分块互为转置
    K_YY_inv = np.linalg.inv(K_YY + 1e-8 * n p.eye
                (len(X)))  # (N, N)

    mu_star = K_fY.dot(K_YY_inv).dot(Y)
    cov_star = K_ff - K_fY.dot(K_YY_inv).dot(K_Yf)
    return mu_star, cov_star
```

```
f, ax = plt.subplots(2, 1, sharex=True,sharey=True)
#绘制高斯过程的先验
X_pre = np.arange(0, 10, 0.1)
mu_pre = np.array([0]*len(X_pre))
Y_pre = mu_pre
cov_pre = gaussian_kernel(X_pre, X_pre)
uncertainty = 1.96 * np.sqrt(np.diag(cov_pre))
```

```
        #取 95%置信区间
ax[0].fill_between(X_pre, Y_pre + uncertainty,Y_pre
    - uncertainty, alpha=0.1)
ax[0].plot(X_pre, Y_pre, label="expection")
ax[0].legend()

#绘制基于观测值的高斯过程后验
X = np.array([1, 3, 7, 9]).reshape(-1, 1)#4*1 矩阵
Y = getY(X)
X_star = np.arange(0, 10, 0.1).reshape(-1, 1)
mu_star, cov_star = update(X, X_star)
Y_star = mu_star.ravel()
uncertainty = 1.96 * np.sqrt(np.diag(cov_star))
      #取 95%置信区间
ax[1].fill_between(X_star.ravel(), Y_star +
uncertainty, Y_star - uncertainty, alpha=0.1)
ax[1].plot(X_star, Y_star, label="expection")
ax[1].scatter(X,Y,label="observation point",c="red",
marker="x")
ax[1].legend()
plt.show()
```

运行结果如图 4-22 所示。

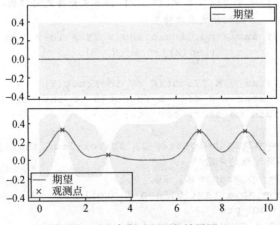

图 4-22　高斯过程回归效果图

　　我们分析一下试验结果，在图 4-22 中，浅色区域表示在该时刻点均值附近取 95%置信区间的区域，上半部分的图是高斯过程先验，下半部分的图是在 4 对观测值基础上的高斯过程后验。可以明显看出，由于带入观测点信息，连续域上各个点的均值发生了变化，同时大部分取值点的 95%置信区间也收窄了，证明各时刻点的确定性得到了增强。

第 **5** 章

统计推断：贯穿近似策略

这一章介绍统计推断的相关内容。我们首先从概念的层面介绍统计推断的基本思想以及精确推断、近似推断两种具体类型，然后围绕近似推断中的随机近似方法进行深入讲解，并再一次引入蒙特卡罗方法，细致分析接受–拒绝采样的基本原理和方法步骤，同时借助马尔可夫链的稳态性质阐述一种基于马尔可夫链随机游走的采样策略；最后聚焦马尔可夫链–蒙特卡罗方法，通过分析细致平稳条件和适宜选取的建议转移矩阵，让读者领略该方法的普适性和优越性，并通过实例展示 Metropolis-Hastings 和 Gibbs 这两种具体的采样方法。

5.1 统计推断的基本思想和分类

这一节我们对统计推断的基本思想和分类做一个概述，剖析精确推断和近似推断的问题起源和应用场景，同时介绍变分推断这一确定性近似的基本思想。

5.1.1 统计推断的根源和场景

在讲具体的统计推断原理和方法之前，让我们追根溯源，先来看看这个问题的根源和应用场景以及需求背景。

我们还是从熟悉的贝叶斯公式入手: $p(\theta \mid X) = \dfrac{p(X \mid \theta)p(\theta)}{p(X)}$。其中, θ 是模型参数, $p(\theta)$ 是事先给定的参数的先验分布, $p(X \mid \theta)$ 是似然。$p(X)$ 是观测变量的概率, 在特定实验背景下, 它是一个常数, 可以通过积分运算 $p(X) = \displaystyle\int_{\theta} p(X \mid \theta)p(\theta)\mathrm{d}\theta$ 求得。

这都是老生常谈的内容了, 相信大家都很熟悉。

5.1.2　后验分布: 推断过程的关注重点

那么基于上述贝叶斯框架, 实际上我们有下面两个新的概念。

1) 贝叶斯推断, 实际上就是利用贝叶斯框架, 把后验概率 $p(\theta \mid X)$ 计算出来。

2) 贝叶斯决策, 指的是在已有的 N 个样本 X 的基础上, 求出现一个新增样本 $\hat{x}$ 的概率, 即 $p(\hat{x} \mid X)$。那么这个概率如何求解? 通过下面的转换关系就可以, 把模型的参数 θ 引入进来当作一个变换的桥梁:

$$p(\hat{x} \mid X) = \int_{\theta} p(\hat{x}, \theta \mid X)\mathrm{d}\theta = \int_{\theta} p(\hat{x} \mid \theta)p(\theta \mid X)\mathrm{d}\theta$$

发现了吗? 贝叶斯决策的关键环节也是要先获得后验分布 $p(\theta \mid X)$ 的。而贝叶斯推断的式子 $\displaystyle\int_{\theta} p(\hat{x} \mid \theta)p(\theta \mid X)\mathrm{d}\theta$ 实际上就是 $p(\hat{x} \mid \theta)$ 关于后验概率 $p(\theta \mid X)$ 的期望。

因此, 求得后验分布或者后验分布的期望, 就是许多工作的重要环节, 即统计推断的过程。从这一节开始, 我们重点讨论相关内容。

5.1.3　精确推断和近似推断

在一些非常简单的情况下, 后验分布是可以直接求出精确解析解的，我们称之为精确推断方法。但是这种方法对参与贝叶斯框架中的分布有很严格的要求，要求其具备共轭特性，例如：先验和似然都是高斯分布的情况下，后验分布也是高斯分布；先验是 beta 分布，似然服从二项分布，得到的后验仍然是 beta 分布。

当满足这类情况的时候，推断过程的结局是非常完美的，因为我们在已知后验分布类型的情况下，可以直接计算出后验分布的参数。

但是这种情况毕竟还是少数，现实中常常因为参数空间的维度和复杂度高，没办法直接计算求得后验的解析解，因此我们只能得到后验分布或者分布期望的近似结果，这就是另外一种分类，即近似推断。

近似推断这个大类还分为两类具体方法，一类是确定性近似，也就是我们下面要提到的变分推断；另一类是随机近似，是我们后面内容中要着重介绍的马尔可夫链-蒙特卡罗方法。

5.1.4 确定性近似：变分推断概述

这里重点介绍一下变分推断的核心思想，我们的目的是寻找一个分布 $Q(\theta)$ 去逼近一个没办法找到解析解的后验分布 $P(\theta \mid X)$，变分推断之所以称为确定性近似，是因为虽然结果是近似的，但是它能给出一个解析解的形式。

具体的思路是这样的，我们令 X 是观测数据，θ 是参数，于是有：

$$P(X,\theta) = P(X)P(\theta \mid X) \Rightarrow P(X) = \frac{P(X,\theta)}{P(\theta \mid X)}$$
$$\Rightarrow \log P(x) = \log P(X,\theta) - \log P(\theta \mid X)$$

这里我们引入用来近似目标后验分布 $P(\theta \mid X)$ 的近似分布 $Q(\theta)$：

$$\log P(X) = [\log P(X,\theta) - \log Q(\theta)] - [\log P(\theta \mid X) - \log Q(\theta)]$$

$$= \log \frac{P(X,\theta)}{Q(\theta)} - \log \frac{P(\theta \mid X)}{Q(\theta)}$$

最终，我们得到了等式：$\log P(X) = \log \dfrac{P(X,\theta)}{Q(\theta)} - \log \dfrac{P(\theta \mid X)}{Q(\theta)}$。

这个等式我们并不陌生，在前面 EM 算法的相关介绍中也曾经见到过，这里的处理方法也是类似的，即对等式左右两边同时乘以 $Q(\theta)$ 并求积分：

$$左边 = \int_{\theta} Q(\theta) \log P(X)\, \mathrm{d}\theta = \log P(X) \int_{\theta} Q(\theta)\, \mathrm{d}\theta = \log P(X)$$

$$右边 = \int_{\theta} Q(\theta) \log \frac{P(X,\theta)}{Q(\theta)} \mathrm{d}\theta - \int_{\theta} Q(\theta) \log \frac{P(\theta \mid X)}{Q(\theta)} \mathrm{d}\theta$$

$$= \int_{\theta} Q(\theta) \log \frac{P(X,\theta)}{Q(\theta)} \mathrm{d}\theta + \int_{\theta} Q(\theta) \log \frac{Q(\theta)}{P(\theta \mid X)} \mathrm{d}\theta$$

这两部分都很有讲究，其中：

$\displaystyle\int_{\theta} Q(\theta) \log \frac{P(X,\theta)}{Q(\theta)} \mathrm{d}\theta$，我们将其记作 $L(Q)$；

$\displaystyle\int_{\theta} Q(\theta) \log \frac{Q(\theta)}{P(\theta \mid X)} \mathrm{d}\theta$，很明显，这是 KL 散度的定义式，用来描述 $Q(\theta)$ 和 $P(\theta \mid X)$ 两个分布之间的距离，记作 $\mathrm{KL}(Q \parallel P)$，从 KL 散度的基本性质可知：$\mathrm{KL}(Q \parallel P) \geqslant 0$。

因此我们联立左右两边的式子：

$$\log P(X) = L(Q) + \mathrm{KL}(Q \parallel P)$$

那么 $\log P(X)$ 可以视作与参数 θ 无关的量，当 X 固定时，$\log P(X)$ 的值就固定了，由于 $\mathrm{KL}(Q \parallel P) \geqslant 0$，因此 $L(Q)$ 取值的上限就是等式左边的 $\log P(X)$，于是我们的思考方向就很简单了，让 $L(Q)$

取得最大，变相使得 $KL(Q \| P) \to 0$。

KL 散度描述的是两个分布之间的距离，当 $KL(Q \| P) \to 0$ 时，就代表 $Q(\theta)$ 可以作为目标后验分布 $P(\theta | X)$ 的一个近似。

后续具体的计算过程我们不再展开，这里只是做一个思路上的介绍，在实际工程中，我们更多的是使用随机近似的方法求解，从下一节开始将着重讲解此方法。

5.2 随机近似方法

这一节开始介绍随机近似方法，重点以蒙特卡罗方法为思想基础，向读者介绍接受–拒绝采样和重要性采样两种典型采样方法的基本原理和实践过程。

5.2.1 蒙特卡罗方法的理论支撑

在前面介绍蒙特卡罗方法的时候，我们曾经尝试用近似计算的方法求一个不规则二维图形的面积，换句话说，就是当精确解析方法行不通的时候，可以采用大量样本近似的方法对问题进行近似求解，在大数定律的支撑下，这种大样本近似方法最终的期望和精确解是一致的，这就是蒙特卡罗方法的理论支撑。

那么把这个思想进行迁移，我们能否从复杂的、无法通过解析方法求得的后验分布中随机抽取数据，让这些样本数据总体上服从目标后验的分布，然后在此基础上，通过大量的随机采样，对这些样本进行均值、方差的计算，以此估计出分布的数字特征？

其实回顾之前的章节，我们曾经通过 Python 函数库提供的接口，生成服从正态分布、几何分布、均匀分布的随机变量，这本质上就是一种随机采样的过程，但关键是，这里面提到的都是标准分布，如果是任意形式的分布，想通过调用 Python 方法来一步解决，恐怕是不现实的。

因此，还是回到了最本源的问题上：如何采样？

说得更具体一些：如何从任意给定的非标准分布中进行采样，使获得的大量样本值服从给定的分布。我们研究的就是这种采样的方法，恰巧，这一类方法就是蒙特卡罗采样方法。这也是之前在介绍蒙特卡罗方法时提到的最后一类应用。

5.2.2　随机近似的核心：蒙特卡罗

随机近似方法的核心是蒙特卡罗方法，主要是用采样的方式进行随机近似，实现数值积分等目标。

例如要求函数 $f(z)$ 关于分布 $p(z|x)$ 的期望，通过期望的定义可知，求期望的本质就是求积分 $E_{z|x}[f(z)] = \int_z p(z|x)f(z)\mathrm{d}z$，这个积分往往是非常难求的，但是蒙特卡罗方法可以用采样的方法实现数值积分的目标。首先我们从原始分布 $p(z|x)$ 中采出 N 个样本点：

$$z^{(1)}, z^{(2)}, z^{(3)}, \cdots, z^{(N)} \sim p(z|x)$$

然后依据大数定律，用样本均值来模拟积分的真实结果：

$\dfrac{1}{N}\sum_{i=1}^{N} f(z^{(i)}) \approx \int_z p(z|x)f(z)\mathrm{d}z$。如果我们直接令函数 $f(z) = z$，那么通过上述方法求得的就是分布 $p(z|x)$ 的期望。

这种基于蒙特卡罗方法的近似方法，思想上非常简单、直观，但是有一个问题看上去无法跨越，那就是如果 $p(z|x)$ 比较复杂，似乎很难直接从 $p(z|x)$ 中采样出服从概率分布的一组样本点。这个问题的解决方案有两种，一种是接受–拒绝采样，另一种是重要性采样。

它们都基于一个事实: 目标分布无法直接采样。于是我们引入了一个提议分布 $q(z)$。也就是说, 为了便于采样, 这个分布可以是任意的, 比如均匀分布、高斯分布等。

5.2.3 接受–拒绝采样的问题背景

这里我们重点介绍接受–拒绝采样方法, 虽然在实际使用中, 因为效率、维度等原因, 不会采用这种方法进行采样, 但是它体现出来的思想方法便于我们理解和应用马尔可夫链–蒙特卡罗方法, 因此很有必要深入学习。

接下来看一个具体的例子, 我们需要采样的目标分布就是下面这个复杂的概率密度函数:

$$p(z) = (0.3e^{-(z-0.3)^2} + 0.7e^{-(z-2)^2/0.3}) / 1.2113$$

当然, 写得更简洁、专业一点就是:

$$p(z) = \frac{1}{1.2113}\{0.3\exp[-(z-0.3)^2] + 0.7\exp[-(z-2)^2 / 0.3]\}$$

其中, 1.2113 是归一化参数, 目的是让概率密度函数 $p(x)$ 在整个取值域上的积分为 1, 以满足归一化的概率基本定义。

5.2.4 接受–拒绝采样的方法和步骤

我们首先来看接受-拒绝采样的处理过程。

对于目标分布 $p(z)$, 难以直接对其采样, 那么我们引入一个易于采样的提议分布 $q(z)$, 并且寻找到一个常数 M, 使得对于任意的样本 $z^{(i)}$, 都能满足 $Mq(z^{(i)}) \geqslant p(z^{(i)})$。

我们首先引入一个接受率参数 $\alpha = \dfrac{p(z^{(i)})}{Mq(z^{(i)})}$, 由于 $Mq(z^{(i)}) \geqslant$

$p(z^{(i)})$，因此这个接受率参数 α 一定满足 $0 \leqslant \alpha \leqslant 1$。

有了这个前提条件，我们开始采样的过程。

假设要采样 N 个服从 $p(z)$ 目标分布的样本点，采样的过程如下。

第一步：从提议分布 $q(z)$ 中采样得到一个样本点 $z^{(i)}$。

第二步：从 0 到 1 的均匀分布中随机采样一个值，$u \sim U(0,1)$。

第三步：进行判断，如果 $u \leqslant \dfrac{p(z^{(i)})}{Mq(z^{(i)})}$，接受这个采样值 $z^{(i)}$，将其纳入样本集当中，否则就丢弃这个采样值。

循环往复 N 次之后，样本集中所有的样本点就近似服从目标分布 $p(z)$ 了。

这种采样方法非常简单，但显然也存在着问题，那就是采样的效率非常依赖提议分布 $q(z)$，因为接受率越高，无效的采样次数才越少；整个采样过程中丢弃的样本点越少，采样效率才能越高。

而从数值的角度看，只有 $Mq(z)$ 越接近 $p(z)$ 的情况下，接受率才越高，但是由于我们并不清楚目标分布 $p(z)$ 的分布形态，因此选取一个好的提议分布往往是很困难的。

5.2.5 接受-拒绝采样的实践

对于目标分布 $p(z) = \dfrac{1}{1.2113}\{0.3\exp[-(z-0.3)^2] + 0.7\exp[-(z-2)^2/0.3]\}$，我们选择均值为 1.4、方差为 1.2 的正态分布作为建议分布 q，常数 M 取值为 2.5。

先把目标分布的概率密度函数 $p(z)$、建议分布 q 的概率密度函数的 M 倍 $Mq(z)$ 绘制出来，如代码清单 5-1 所示。

代码清单 5-1 采样目标分布和建议分布的比较

```
import numpy as np
import matplotlib.pyplot as plt
from scipy.stats import norm

# 目标采样分布的概率密度函数 p(z)
def p(z):
    return (0.3 * np.exp(-(z - 0.3) ** 2) +
        0.7 * np.exp(-(z - 2.) ** 2 / 0.3)) / 1.2113

q_norm_rv = norm(loc=1.4, scale=1.2)# 建议分布 q
M = 2.5# M值

z = np.arange(-4., 5., 0.01)
plt.plot(z, p(z), color='r', lw=3, alpha=0.6,
        label='p(z)', linestyle='--')
plt.plot(z, M*q_norm_rv.pdf(z), color='b', lw=3,
        alpha=0.6,label='Mq(z)')
plt.legend()
plt.grid(ls='--')
plt.show()
```

运行结果如图 5-1 所示。

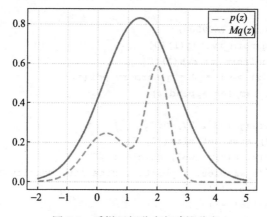

图 5-1 采样目标分布与建议分布

从图 5-1 中可以看出，我们选取的建议分布 q 的概率密度函数的 M 倍，确实是恒大于目标分布的概率密度函数 $p(z)$，因此满足接受–拒绝采样的前提条件。

接下来，在此基础上利用接受–拒绝采样算法的具体步骤进行实际的样本采样，如代码清单 5-2 所示。

代码清单 5-2　接受–拒绝采样的过程演示

```python
import numpy as np
import matplotlib.pyplot as plt
from scipy.stats import uniform, norm

# 目标采样分布的概率密度函数 p(z)
def p(z):
    return (0.3 * np.exp(-(z - 0.3) ** 2) +
        0.7 * np.exp(-(z - 2.) ** 2 / 0.3)) / 1.2113

q_norm_rv = norm(loc=1.4, scale=1.2)# 建议分布 q
M = 2.5# M值

uniform_rv = uniform(loc=0, scale=1)
z_samples = []

for i in range(100000):
    z = q_norm_rv.rvs(1)[0]
    u = uniform_rv.rvs(1)[0]
    if p(z) >= u * M * q_norm_rv.pdf(z):
        z_samples.append(z)

x = np.arange(-3., 5., 0.01)
plt.gca().axes.set_xlim(-3, 5)
plt.plot(x, p(x), lw=3, color='r')
plt.hist(z_samples, alpha=0.6, bins=150, density=True,
    edgecolor='k')
plt.grid(ls='--')
plt.show()
```

运行结果如图 5-2 所示。

我们通过接受–拒绝采样方法，进行了 10 万次的数据采样，最后把采样结果绘制成柱状图。通过运行结果我们发现，柱状图的形状和原始目标分布的概率密度函数曲线基本拟合。由此证明了这个采样的方法确实是有效的，它高度近似拟合了原始样本的分布特性。

有了高度近似于实际分布的采样值之后，我们就能很容易地利用这组样本对原始的分布进行统计特征的分析，比如计算均值、方差等数字特征。

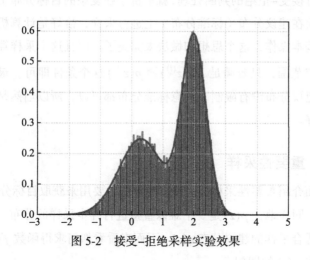

图 5-2　接受–拒绝采样实验效果

5.2.6　接受–拒绝采样方法背后的内涵挖掘

有了直观的感受之后，我们接下来仔细介绍一下接受–拒绝采样方法的内涵。

接受–拒绝采样方法的核心思想是什么？任意给定的一个目标分布的概率密度函数有可能非常复杂，无法直接基于这个复杂分布生成样本，此时该怎么办？解决这个问题的核心思想是借力打力，巧妙过渡。

我们绕开这个复杂的目标分布，转而去寻找一个方便计算机程序直接进行样本采样的标准分布，这个分布就是算法中的建议分布 q（这里我们选择的是正态分布），通过 $u \leqslant \dfrac{p(z^{(i)})}{Mq(z^{(i)})}$ 这个接受–拒绝判断条件，将建议分布 q 和目标分布 p 衔接起来，使得仅在建议分布上进行简单的采样，之后同样简单地进行接受–拒绝操作，就等价于实现了在复杂的目标分布上进行采样的效果。

再简单重复一遍：计算机程序在建议分布上采样，只不过对采样结果进行接受–拒绝的判断处理，就等价于在复杂的目标分布上进行采样了。而在建议分布（标准分布）上进行采样，恰好是计算机程序最擅长的基本操作，这个思想和做法太完美了。而且这个采样算法几乎没有限定范围，只要满足 $Mq(z^{(i)}) \geqslant p(z^{(i)})$ 这个条件即可。最为关键的是，建议分布没有限制，任意标准分布都可以，所以当然是分布越简单越好。

5.2.7 重要性采样

下面介绍重要性采样，这种采样方法主要用来获取目标分布 $p(z)$ 的期望。同样地，$p(z)$ 是一个难以直接进行样本采样的分布，我们引入一个适合采样的建议分布 $q(z)$。下面来看看如何求得函数 $f(z)$ 关于目标分布 $p(z)$ 的期望。

将建议分布 $q(z)$ 引入求取期望的过程中：

$$E_{p(z)}[f(z)] = \int_z p(z)f(z)\mathrm{d}z = \int_z \frac{p(z)}{q(z)}f(z)q(z)\mathrm{d}z$$

此时，我们可以换一个视角去看待这个问题，这个式子可以看作求 $\dfrac{p(z)}{q(z)}f(z)$ 关于建议分布 $q(z)$ 的期望，这个转换非常有意义，由此我们可以通过从建议分布 $q(z)$ 中抽取一系列样本点 $z^{(i)} \sim q(z)$ 并利用大数定律实现期望值的近似：

$$\frac{1}{N} \sum_{i=1}^{N} f(z^{(i)}) \frac{p(z^{(i)})}{q(z^{(i)})} \approx \int_{z} \frac{p(z)}{q(z)} f(z) q(z) \mathrm{d}z$$

如果仅仅是样本 Z 的期望，那么直接让 $f(z)=z$ 就可以了。

重要性采样的"重要"二字，指的是 $\dfrac{1}{N} \sum\limits_{i=1}^{N} f(z^{(i)}) \dfrac{p(z^{(i)})}{q(z^{(i)})}$ 中每一个

$f(z^{(i)})$ 所对应的权重 $\dfrac{p(z^{(i)})}{q(z^{(i)})}$，但是在重要性采样的过程中，同样涉及建议分布的选择过程，选择一个与目标分布 $p(z)$ 相似程度高的建议分布，是保证高效采样的一个前提条件。

5.2.8　两种采样方法的问题及思考

上面介绍的两类基于蒙特卡罗的采样方法，其获取样本的底层逻辑都是基于一个建议分布 q 的随机采样，大多数情况下选择一个合适的建议分布 q 的难度是比较大的，同时这种采样方法的效率也不高。

那么我们反过头来寻找解决问题的关键点，其本质就是找到获取一组样本的方法，使得样本的分布与目标分布 $p(z)$ 趋向一致，有别的实现方法吗？还记得我们在随机过程中介绍的马尔可夫链及其稳态吗？马尔可夫过程是一个随机游走的过程，在一定的前提下最终会收敛于一个平稳的状态。随机、平稳这两个关键词提示我们，可以从马尔可夫链这个工具入手，来寻找更好的目标分布随机采样方法，这就是接下来要介绍的马尔可夫链-蒙特卡罗方法，即工程上广泛使用的 MCMC。

5.3 采样绝佳途径：借助马尔可夫链的稳态性质

这一节，我们将马尔可夫链引入采样的过程中，让它辅助我们进行采样。

5.3.1 马尔可夫链回顾

首先，我们回顾一下马尔可夫链的重点内容。

随机过程指的是一个随机变量的序列 $\{X_t\}$，而马尔可夫链就是随机过程中一个非常典型的类型，如图 5-3 所示。

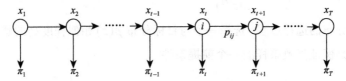

图 5-3　马尔可夫链的概率图

马尔可夫链在不同的时间 t 对应不同的状态节点 x_t，实际上就是用时间串联起来的一个个随机变量，这一组随机变量共享一个包含 n 个状态的状态空间，每一个时间节点对应的随机变量都会从这个状态空间中取一个具体状态。

随着时间不断向前推进，马尔可夫链的不同状态节点在不同的状态之间进行转移，这就派生了马尔可夫链中的另一个重要参数：状态转移矩阵 P。显然这个矩阵应该是一个 $n \times n$ 的方阵：

$$P = \begin{bmatrix} p_{11} & p_{12} & p_{13} & \cdots & p_{1n} \\ p_{21} & p_{22} & p_{23} & \cdots & p_{2n} \\ p_{31} & p_{32} & p_{33} & \cdots & p_{3n} \\ \cdots & \cdots & \cdots & \cdots & \cdots \\ p_{n1} & p_{n2} & p_{n3} & \cdots & p_{nn} \end{bmatrix}$$

其中某个具体的元素 p_{ij} 表示从状态 i 转移到状态 j 的概率。用条件概率描述就是 $p_{ij} = p(x_{t+1} = j \mid x_t = i)$。

这里我们只考虑一阶齐次马尔可夫链，简单点说，就是未来的状态只取决于现在，与过去无关。用条件概率描述就是 $p(x_{t+1} = x \mid x_1, x_2, x_3, \cdots, x_t) = p(x_{t+1} = x \mid x_t)$。

最后我们再来解释一下图 5-3 马尔可夫链概率图中每个时间节点 t 对应的 π_t 表示的是什么。首先 π_t 表示 t 时刻的概率分布，这是什么意思呢？因为节点之间的状态是依照概率进行转移的，也就是说任意时刻 t，都有可能取到 n 个状态中的任意一个状态，因此 π_t 是一个向量，对应的是在 t 时刻，n 个不同状态中每一个状态出现的概率，$\pi_t = [\pi_t(1),\ \pi_t(2),\ \pi_t(3),\ \cdots, \pi_t(n)]$，并且满足 $\sum_{i=1}^{n} \pi_t(i) = 1$。

那么依照状态转移的定义，将 t 时刻和 $(t+1)$ 时刻的状态分布 π_t、π_{t+1} 以及状态转移矩阵 $\boldsymbol{P}$ 结合起来就有：$\pi_{t+1}(x^*) = \sum_{x} \pi_t(x) p(x^* \mid x)$。其中，$x$ 和 x^* 是这个马尔可夫链状态空间中 n 个状态里任意两个。

那么，进行总体合成，状态转移矩阵和相邻时刻状态分布向量之间相乘的形式就是 $\pi_t P = \pi_{t+1}$。

5.3.2　核心：马尔可夫链的平稳分布

接下来要在这个状态分布 π 上下足功夫。对于某一个具体的马尔可夫链而言，每一个时刻 t 都有一个状态分布 π_t，但是如果对于任意不同时刻 t 和 $(t+1)$，它们的分布保持不变，都为 π，那么状态分布 π 就是这个马尔可夫链的平稳分布，按照定义满足：

$$\pi(x^*) = \sum_{x} \pi(x) p(x^* \mid x)$$

而此时，平稳分布 π 和状态转移矩阵 $\boldsymbol{P}$ 满足：$\pi P = \pi$。

对于这一计算过程，可能有读者觉得不太好理解，我们通过图 5-4 进行示意。

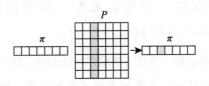

图 5-4   平稳分布定义公式示意

从图 5-4 中我们可以发现，对于每一个 x^* 的具体取值，$\sum\limits_{x} \pi(x)$ $p(x^* \mid x) = \pi(x^*)$ 的计算过程实际上都是一次状态分布 π（行向量）与状态转移矩阵第 x^* 列（阴影示意）点乘的过程，最终得到一个数值，这个值恰好是状态分布 π（行向量）的第 x^* 个元素（阴影示意）。那么如果让 x^* 取遍马尔可夫链状态空间中第 $1 \sim N$ 的每一个状态，最终得到的是：

$$\begin{cases} \sum\limits_{x} \pi(x)p(1 \mid x) = \pi(1) \\ \sum\limits_{x} \pi(x)p(2 \mid x) = \pi(2) \\ \sum\limits_{x} \pi(x)p(3 \mid x) = \pi(3) \\ \qquad \vdots \\ \sum\limits_{x} \pi(x)p(N \mid x) = \pi(N) \end{cases}$$

因此就有了上面用一个式子综合起来的表达：$\pi P = \pi$。

换句话说，也就意味着从某个时刻 t 开始，如果它的各个状态服从平稳分布 π，那么后续的任意时刻状态的分布都为平稳分布 π。

5.3.3 马尔可夫链进入稳态的转移过程

我们来仔细回顾一下随着时间 t 的变化，马尔可夫链上各个相邻时间节点之间的状态转移变化过程。

$t=1$ 时刻：从 π_1 中，依概率采样状态 x_1，显然 x_1 服从分布 π_1，记作 $x_1 \sim \pi_1$。

$t=2$ 时刻：从转移概率 $p(x|x_1)$ 表示的分布中，依概率采样得到状态 x_2，显然 x_2 服从分布 π_2，记作 $x_2 \sim \pi_2$，其中 $\pi_2 = \pi_1 P$。这里补充说明一点，分布 $p(x|x_1)$ 也可以由一个向量表示，比如 x_1 是状态 2，那么这个分布向量就是状态转移矩阵 $\boldsymbol{P}$ 中的第 2 行：$[p_{21}, p_{22}, p_{23}, \cdots, p_{2n}]$。

$t=3$ 时刻：从 $p(x|x_2)$ 中，依概率采样状态 x_3，显然 x_3 服从分布 π_3，记作 $x_3 \sim \pi_3$，其中 $\pi_3 = \pi_2 P$。

就这样，经过一段时间，当 $t=k$ 的时候，我们发现：

$t=k$ 时刻，从 $p(x|x_{k-1})$ 中，依概率采样状态 x_k，我们发现 x_k 服从分布 π_k，记作 $x_k \sim \pi_k$；

$t=k+1$ 时刻，从 $p(x|x_k)$ 中，依概率采样状态 x_{k+1}，我们发现 x_{k+1} 服从分布 π_{k+1}，记作 $x_{k+1} \sim \pi_{k+1}$。但是请注意，此时 $\pi_{k+1} = \pi_k$，后续一直延续这个情况，那么此时马尔可夫链进入稳态。

这就是一个直观的马尔可夫链进入稳态的转移过程，从 $t=1$ 时刻开始，马尔可夫链上的状态不断依照状态转移概率进行转移，并最终进入稳态。

5.3.4 稳态及转移过程演示

为了充分理解稳态的概念，我们动态演示一下一个指定的马尔可

夫链的状态转移以及最终到达稳态的过程，这个马尔可夫链的状态转

移矩阵为 $\begin{bmatrix} 0.7 & 0.1 & 0.2 \\ 0.3 & 0.5 & 0.2 \\ 0.1 & 0.3 & 0.6 \end{bmatrix}$。

通过观察代码清单 5-3 运行出来的效果，我们可以非常直观地理解马尔可夫链的稳态。

代码清单 5-3　马尔可夫链的稳态示意

```python
import numpy as np
import matplotlib.pyplot as plt

transfer_matrix = np.array([[0.7, 0.1, 0.2],
                            [0.3, 0.5, 0.2],
                            [0.1, 0.3, 0.6]],
                            dtype='float32')

start_state_array = np.array([[0.50, 0.30, 0.20],
                              [0.13, 0.28, 0.59],
                              [0.10, 0.85, 0.05]],
                              dtype='float32')
trans_step = 10

for i in range(3):
    state_1_value = []
    state_2_value = []
    state_3_value = []
    for _ in range(trans_step):
        start_state_array[i] = np.dot(start_state_
            array[i], transfer_matrix)
        state_1_value.append(start_state_array[i][0])
        state_2_value.append(start_state_array[i][1])
        state_3_value.append(start_state_array[i][2])

    x = np.arange(trans_step)
    plt.plot(x, state_1_value, label='state_1')
    plt.plot(x, state_2_value, label='state_2')
```

```
    plt.plot(x, state_3_value, label='state_3')
    plt.legend()
    print(start_state_array[i])

plt.gca().axes.set_xticks(np.arange(0, trans_step))
plt.gca().axes.set_yticks(np.arange(0.2, 0.6, 0.05))
plt.gca().axes.set_xlabel('n step')
plt.gca().axes.set_ylabel('p')
plt.grid(ls='--')
plt.show()
```

运行结果如图 5-5 所示。

```
[0.3889705  0.27771026 0.33331943]
[0.38872722 0.27791262 0.3333603 ]
[0.3890072  0.27768928 0.33330372]
```

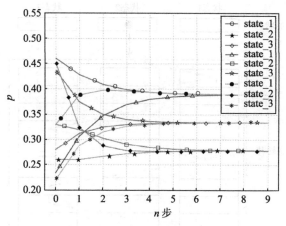

图 5-5 马尔可夫链的稳态示意

从运行的结果我们可以发现，这个马尔可夫模型拥有 3 个状态，状态 1、状态 2 和状态 3，不论初始分布是[0.50, 0.30, 0.20]、[0.13, 0.28, 0.59]还是[0.10, 0.85, 0.05]，经过多轮状态转移之后都会收敛到同一个分布[0.3888, 0.2777, 0.3333]，也就是我们所说的稳态分布。

这就是说无论起始时是位于状态 1、状态 2 还是状态 3，在状态转移矩阵 **P** 的作用下，经过足够大的 n 步转移之后，位于状态 1 的概率是 0.3888，位于状态 2 的概率是 0.2777，位于状态 3 的概率是 0.3333。

利用图 5-6,我们可以把这个状态转移和到达稳态的过程表达得更直白一些。

好比有一颗小石头，它可以位于任意一个初始状态，这里为了方便画图，假设它处于状态 2。那么从初始状态开始，在状态转移矩阵的转移概率作用下，这颗小石头不停地在状态 1、状态 2 和状态 3 之间随机游走，图 5-6 中的虚线示意了其中某一条转移路径。

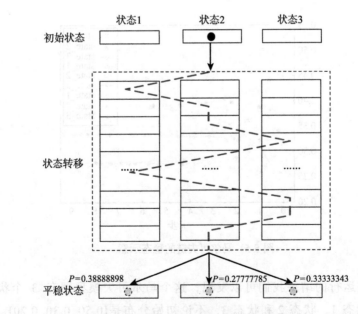

图 5-6   从初始状态到平稳状态的转移示意

当然转移的路径不止这一条，在状态转移的过程中，状态之间的转移概率等于该马尔可夫链的状态转移矩阵对应位置上的元素 P_{ij}。经过足够多的 n 步转移之后，这个小石头将最终依概率落入 3 个状态中的某一个，具体就是：落入状态 1 的概率是 0.3888、落入状态 2 的概率是 0.2777、落入状态 3 的概率是 0.3333。

如果只有一颗小石头，最终它只会落入具体的某一个状态中。但是如果小石头的数量足够多，这就是一个大数定理的实际应用了，我们拿足够多的小石头，从任意的初始状态出发，最终落入各个状态中的小石头数量所占的比例就等于各个状态的平稳分布概率。

5.3.5 马尔可夫链稳态的价值和意义

那么，这个马尔可夫链稳态有什么意义呢？进入马尔可夫链的稳态之后，每一个不同的时刻 t 都会对应状态集当中的一个具体状态。当然状态是随机的，但是由于进入了稳态，它们都服从同样一个分布，也就是该马尔可夫链的稳态分布 π。依照大数定律，将进入平稳状态之后的每个 t 时刻的状态都作为一个样本，形成一个样本集，那么这个样本集就可以作为这个平稳分布的近似。

这里有两个问题。第一个问题是，在实际工程中，如何判断是否进入了平稳分布。进入平稳分布前的时间我们称为燃烧期，如果让燃烧期取一个相对较长的时间，一般而言就可以保证马尔可夫链进入稳态。

第二个问题是，进入稳态之后，采样的总次数该如何确定。答案很明显，采样的时间节点越多，样本集就越能够作为平稳分布的一个好的近似。

那么后续解决问题的思路就很直接了，如果要通过采样的方式求目标分布 $p(z)$，我们就引入马尔可夫链的稳态分布，让目标分布恰为某一个马尔可夫链的稳态分布，在该马尔可夫链上进行长时间的状态转移，燃烧期之后收集进入稳态后各个时刻点的样本，该样本集就可以作为目标分布的一个近似了。

5.3.6　基于马尔可夫链进行采样的原理分析

这里还是使用状态转移矩阵为 $\begin{bmatrix} 0.7 & 0.1 & 0.2 \\ 0.3 & 0.5 & 0.2 \\ 0.1 & 0.3 & 0.6 \end{bmatrix}$ 的马尔可夫链进行

计算，它所对应的稳态分布是[0.3888, 0.2777, 0.333]。以 5.3.4 节的扔小石头模型为例，如果我们利用大的数据样本，从任意初始状态出发，经过足够长的步数转移之后，落入 3 个状态中的小石头各自所占的比例，就可以近似为平稳分布。

由此我们实现了利用数值模拟的方法对目标平稳分布的采样，这就是基于马尔可夫链的采样方法的思维雏形。

在基于马尔可夫链的采样过程中，我们如何具体实施采样呢？怎样实现对大样本的模拟？

比如我们采样的样本数定为 100 000 个，最直接的方法是对每一个样本都执行一次 n 步转移（这个 n 相对较大，要保证进入马尔可夫链的稳态当中）。但是这样一来计算量相当大，每次只利用采样过程中的最后一个状态，且要运行 100 000 次进入平稳状态的转移过程，数据的利用率很低，浪费也很大。

实际上，在基于马尔可夫链的具体采样过程中，我们往往只需要进行一次转移，就能实现整个采样过程。

这里，我们依托的是稳态分布的基本定义，即对于一个马尔可夫链，如果它的状态转移矩阵是 P，稳态分布是 π，那么它们满足 $\pi = P\pi$

的关系。

这也就是说，我们只需要对一个小石头进行状态转移就可以实现采样的目标。即：小石头在进入稳态的那一刻（我们记作时刻 t_0），依照稳态分布中的概率进入状态 1、状态 2 和状态 3 当中的任意一个，从 t_0 时刻的状态向下一个时刻（也就是 t_1 时刻）转移时，依照 $\pi = P\pi$ 相等的关系，这个小石头仍然是依照稳态概率分布进入状态 1、状态 2 或者状态 3 中的任意一个，那么在 t_1 时刻，小石头和之前经过千辛万苦在 t_0 时刻进入稳态时的状态本质上是一回事。

以此类推，对于后面的所有转移时刻 t_2, t_3, …, t_N，小石头在每时每刻都依概率进入 3 个状态中的一个，这个概率同样也是稳态分布的概率。

这么说来，确实只用对一个小石头的一次转移过程进行跟踪。我们巧妙地用时间的平稳分布等价替代了空间的平稳分布，省时省力。下面我们具体定义和描述一下这里面涉及的变量和过程。

假如我们需要采样的样本数是 N，而进入稳态所需要的转移次数是 m（我们把 m 次的转移过程称作燃烧期），记录小石头从 m 到 $(m+N)$ 这 N 次转移的过程中（我们把进入稳态后的转移过程称作平稳期）每个时间点所处的状态，那么这 N 个状态就一定服从稳态分布中各个状态的概率。于是我们仅通过跟踪一次状态转移的过程，就能对目标分布实现基于马尔可夫链的样本采样。

我们通过图 5-7，对采样过程进行示意。

图 5-7 的示意过程很清晰，我们只跟踪这一个小石头，小石头经过 m 次转移的燃烧期进入平稳期之后，我们记录下它每一次转移所处的状态，采样样本数是 N，那么我们就在平稳期内让小石头按照状态转移矩阵进行 N 次转移，从而得到 N 个采样结果，这 N 个采样结果的

状态分布就和稳态分布一致。

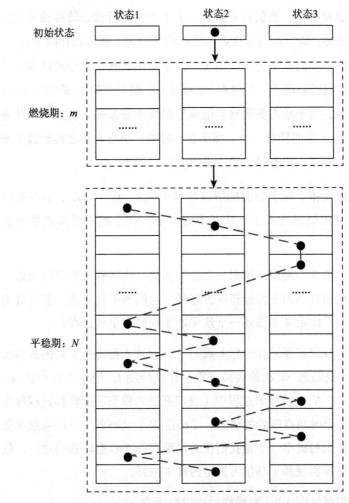

图 5-7　基于马尔可夫链的样本采样过程示意

5.3.7　采样过程实践与分析

前面讲了这么多方法和原理，我们下面用 Python 进行采样操作。
需要采样的目标分布是[0.3888, 0.2777, 0.3333]，它是转移概率矩阵为

$$\begin{bmatrix} 0.7 & 0.1 & 0.2 \\ 0.3 & 0.5 & 0.2 \\ 0.1 & 0.3 & 0.6 \end{bmatrix}$$ 的马尔可夫链的稳态分布。

我们运用基于马尔可夫链的采样方法对目标分布进行采样，统计最终各个状态中样本的实际比例，如代码清单 5-4 所示。

代码清单 5-4 基于马尔可夫链的采样

```python
import numpy as np
from scipy.stats import uniform
import random

def randomstate_gen(cur_state, transfer_matrix):
    uniform_rvs = uniform().rvs(1)
    i = cur_state-1
    if uniform_rvs[0] <= transfer_matrix[i][0]:
        return 1
    elif uniform_rvs[0] <= transfer_matrix[i][0]+
        transfer_matrix[i][1]:
        return 2
    else:
        return 3

transfer_matrix = np.array([[0.7, 0.1, 0.2],
                            [0.3, 0.5, 0.2],
                            [0.1, 0.3, 0.6]], dtype='float32')
m = 10000
N = 100000

cur_state = random.choice([1, 2, 3])
state_list = []
for i in range(m+N):
    state_list.append(cur_state)
    cur_state = randomstate_gen(cur_state,transfer_
        matrix)

state_list = state_list[m:]
```

```
print(state_list.count(1)/float(len(state_list)))
print(state_list.count(2)/float(len(state_list)))
print(state_list.count(3)/float(len(state_list)))
```

运行结果如下。

```
0.38726
0.27636
0.33638
```

我们将运行结果和实际平稳分布[0.3888, 0.2777, 0.3333]进行一番对比，发现采样的结果是服从目标分布的。

这一实现过程的代码值得好好分析一番。

这里有一个问题：当小石头位于状态 i，即 cur_state = i 时，如何决定下一个生成的状态 j 到底是状态 1、状态 2 还是状态 3 呢？

很简单，这依赖于我们写的一个功能函数 randomstate_gen，它的参数是马尔可夫链当前所处的状态和它的状态转移矩阵。先举例说明它的具体工作原理。假如此时马尔可夫链处于状态 1，那么依照状态转移矩阵 $\begin{bmatrix} 0.7 & 0.1 & 0.2 \\ 0.3 & 0.5 & 0.2 \\ 0.1 & 0.3 & 0.6 \end{bmatrix}$ 的第一行，则有 0.7 的概率继续留在状态 1，有 0.1 的概率转移到状态 2，有 0.2 的概率转移到状态 3。

该怎么实现这一过程呢？我们生成一个在[0, 1]范围内满足均匀分布的随机数，如果落在 [0, 0.7]（区间的长度是 0.7），就决定下一个转移状态是状态 1；如果落在[0.7, 0.8]（区间的长度是 0.1），小石头就转移到状态 2；如果落在[0.8, 1]（区间的长度是 0.2），小石头就转移到状态 3。

实际上，我们就是用区间的不同长度来等效不同的概率，原理如图 5-8 所示。

那么，首先我们从 3 个状态中任选一个，将其作为采样过程的初始状态，然后进入状态转移过程中。

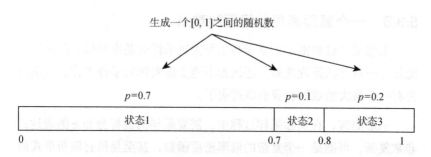

图 5-8 依照指定概率进行数据采样

我们设置燃烧期为 $m=10\ 000$（当然实际上不需要这么久才进入稳定期，不过多一点倒无所谓，保险一些，可以确保已经进入平稳期），平稳期设置为 $N=100\ 000$，然后我们让这个小石头按照状态转移矩阵的要求，随机游走（$m+N$）次，并且依次记录每次游走的状态。随机游走过程结束后，我们去掉燃烧期收集的状态样本，只统计平稳期内各个状态的数量以及所占比例，即完成了对目标分布的采样和模拟全过程。

现在我们总结一下基于马尔可夫链对目标分布进行采样的全过程。

首先，我们要寻找以目标分布 π 为平稳分布的马尔可夫链，找到它的各个状态间的转移概率矩阵 $\boldsymbol{P}$。注意，这个马尔可夫链的平稳分布是唯一的。

其次，针对这个马尔可夫链，我们设定燃烧期 m 和稳定期 N，随机选一个初始状态，在转移概率矩阵的框架下，在状态间进行（$m+N$）次随机游走，并记录下每次转移的状态。

最后，抛弃前面 m 次燃烧期采样得到的状态，只保留后面平稳期的 N 次采样结果，这 N 次采样结果就近似于目标分布 π 的采样。

5.3.8　一个显而易见的问题和难点

上述采样过程揭示了基于马尔可夫链采样的基本原理，但是这只能作为一般性的原理理解，还远远不能支撑实际的采样工作，这是因为有一个最大的难题被我们绕过去了。

一般而言，在实际采样过程中，需要采样的目标分布 π 的表达式非常复杂，可能是一个复杂的概率密度函数，甚至是没有解析形式的表达式。那么如何找到一个马尔可夫链，使得这个马尔可夫链具有唯一稳态分布，并且这个稳态分布就是 π 呢？

可以说，找到了这个马尔可夫链，就能够实现近似采样，如果找不到，后续的采样工作就无法进行。

对于一个通用的、强大的近似采样方法，我们应该做到对于任意一个给定的目标分布 π，都能找到这样的一个马尔可夫链，保证目标分布是它的唯一平稳分布，并且能够方便地按照这个马尔可夫链的转移概率矩阵进行状态转移和样本采样。

听上去很难做到，然而幸运的是，这个目标是可以实现的。5.4 节将介绍马尔可夫链–蒙特卡罗方法以及其中具体的 Metropolis-Hastings 实现，到时候一切谜底就都揭开了。

5.4　马尔可夫链–蒙特卡罗方法详解

这一节，我们走到了近似采样的最后，也是最关键的一部分，可以说是黎明前的黑暗了，这里我们要一举解决最核心的问题：对于任意给定的目标分布 $\pi(x)$，如何找到以它为唯一平稳分布的马尔可夫链，并且基于马尔可夫链采样的方法，实现对其近似采样。

找到这么一个马尔可夫链，本质上就是要找到转移概率矩阵 $\boldsymbol{P}$，那么首先确立一个思考路径：有没有什么条件，使得只要转移矩阵 $\boldsymbol{P}$ 满足了，就意味着目标分布 $\pi(x)$ 是转移矩阵 $\boldsymbol{P}$ 对应的马尔可夫链的平稳分布呢？

还真有这么一个条件，这个条件就是马尔可夫链中著名的细致平稳条件。

5.4.1　稳态判定：细致平稳条件

细致平稳条件是一个重要的理论基础，指的是给定一个马尔可夫链的状态转移矩阵 $\boldsymbol{P}$ 以及一个分布 π，如果满足

$$\pi(x)p(x^*\,|\,x)=\pi(x^*)p(x\,|\,x^*)$$

其中，x 和 x^* 是该马尔可夫链状态空间中任意两个给定状态，那么分布 π 就是该马尔可夫链的平稳分布。

这个定理证明起来也相当容易。

$\pi(x)p(x^*\,|\,x)=\pi(x^*)p(x\,|\,x^*)$，对该等式两侧关于状态 x 所有的可取值同时求和：

$$\sum_x \pi(x)p(x^*\,|\,x)=\sum_x \pi(x^*)p(x\,|\,x^*)=\pi(x^*)\sum_x p(x\,|\,x^*)$$

显然，当 x 取遍状态集中的所有状态时，有 $\sum_x p(x\,|\,x^*)=1$。

因此，得出 $\sum_x \pi(x)p(x^*\,|\,x)=\pi(x^*)$，进而依据前面章节里介绍过的内容，可以得到 $\pi P=\pi$。

这正是平稳分布的定义式，说明满足细致平稳条件的目标分布 π 就是以矩阵 $\boldsymbol{P}$ 为状态转移矩阵的马尔可夫链的平稳分布，而一旦找到了状态转移矩阵，就确定了马尔可夫链。

可是找到这个矩阵并不容易。我们随便找一个状态转移矩阵 Q ，一般肯定是无法满足细致平稳条件的，即 $\pi(x)Q(x^*|x) \neq \pi(x^*)Q(x|x^*)$ 。注意，后续为了公式表达格式的统一，我们也把 $Q(x^*|x)$ 记作 $Q(x,x^*)$ ，表示该马尔可夫链中状态 x 转移到状态 x^* 的概率。那么接下来怎么办？Metropolis-Hastings 采样方法（简称 M-H 方法）就提供了很好的解决思路和办法。

5.4.2 Metropolis-Hastings 采样方法的原理

当前问题的关键是，给定目标概率 π ，我们任意选取的一个转移概率矩阵 Q ，是不能满足细致平稳条件 $\pi(x)Q(x,x^*) = \pi(x^*)Q(x^*,x)$ 的，然而为了让细致平稳条件得到满足，Metropolis-Hastings 方法引入一个接受率因子的表达式：

$$\alpha(x,x^*) = \min\left[1, \frac{\pi(x^*)Q(x^*,x)}{\pi(x)Q(x,x^*)}\right]$$

只要在原来的不等式两边各自乘上对应的接受率因子 α ，细致平稳条件就可以神奇地得到满足：

$$\pi(x)Q(x,x^*)\alpha(x,x^*) = \pi(x^*)Q(x^*,x)\alpha(x^*,x)$$

这里我们重点来证明一下为什么此处细致平稳条件可以被满足。

$$\pi(x)Q(x,x^*)\alpha(x,x^*) = \pi(x)Q(x,x^*)\min\left[1, \frac{\pi(x^*)Q(x^*,x)}{\pi(x)Q(x,x^*)}\right]$$

$$= \min\left[\pi(x)Q(x,x^*), \pi(x^*)Q(x^*,x)\right]$$

$$= \pi(x^*)Q(x^*,x)\min\left[1, \frac{\pi(x)Q(x,x^*)}{\pi(x^*)Q(x^*,x)}\right]$$

$$= \pi(x^*)Q(x^*,x)\alpha(x^*,x)$$

此时我们非常容易地证明了细致平稳条件成立,但是再仔细审视这个等式:

$$\pi(x)[Q(x,x^*)\alpha(x,x^*)] = \pi(x^*)[Q(x^*,x)\alpha(x^*,x)]$$

显然,$\pi(x)$ 并不是 Q 对应的马尔可夫链的平稳分布,而是原始转移过程 Q 叠加接受率因子 α 之后的新马尔可夫转移过程的平稳分布。

5.4.3 如何理解随机游走叠加接受概率

这里我们插一句,想想该怎么理解,或者说怎么实现基于状态转移矩阵 Q 的马尔可夫链在随机游走的同时,再叠加一个接受概率 α 的全过程呢?这个问题再描述得细致一点,就是我们要讨论从任意状态 x 向任意状态 x^* 进行状态转移的过程及状态转移概率。如果单纯基于 Q 矩阵,状态 x 向每一个其他状态 x^* 的转移概率是 $Q(x,x^*)$,此时如何叠加新的接受概率 $\alpha(x,x^*)$?

打个比方,一个马尔可夫链有 3 个状态,其中 $Q(1,1) = 0.3$,$Q(1,2) = 0.5$,$Q(1,3) = 0.2$,$\alpha(1,2) = 0.8$,$\alpha(1,3) = 0.9$。假设当前状态为状态 1,依照随机游走的过程,当以 0.5 的概率选择向状态 2 转移时,还要面临一道考验:在此基础上,以 0.8 的概率真正选择转移到状态 2,以 $1 - 0.8 = 0.2$ 的概率选择"半途而废"回到原状态 1,这两个动作叠加起来,就是在基于新的状态转移矩阵 $P(x,x^*) = Q(x,x^*)\alpha(x,x^*)$ 上进行随机游走的过程。

如图 5-9 和图 5-10 所示,我们只看状态 1 到状态 2 和状态 3 转移的局部过程。

因此,对于状态转移矩阵 Q 叠加接受率 α 后的马尔可夫链,令其状态转移矩阵为 P,计算一下矩阵 P 中的各项元素。

$$\begin{cases} P(1,2) = Q(1,2)\alpha(1,2) = 0.5 \times 0.8 = 0.4 \\ P(1,3) = Q(1,3)\alpha(1,3) = 0.2 \times 0.9 = 0.18 \\ P(1,1) = Q(1,1) + Q(1,2)\big[1 - \alpha(1,2)\big] + Q(1,3)\big[1 - \alpha(1,3)\big] \\ \qquad = 0.3 + 0.1 + 0.02 = 0.42 \end{cases}$$

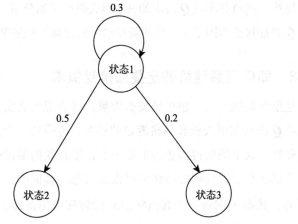

图 5-9　基于状态转移矩阵 **Q** 的马尔可夫链示意

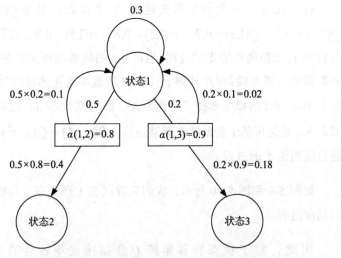

图 5-10　状态转移矩阵 **Q** 叠加接受率 α 的马尔可夫过程分析

同时验证 $P(1,1) + P(1,2) + P(1,3) = 1$，满足归一性。

我们把上面计算出来的转移概率反映在马尔可夫状态转移图中，如图 5-11 所示。

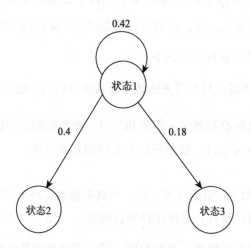

图 5-11　状态转移矩阵 $\boldsymbol{Q}$ 叠加接受率 α 后的马尔可夫链示意

5.4.4　如何实现随机游走叠加接受概率

那么在随机游走的过程中，怎么模拟出 α 接受率的效果呢？

假设当前处于状态 x，当我们已经按照转移概率矩阵 $\boldsymbol{Q}$，依概率决定即将要转移到状态 x^* 时，增加最后一步操作：生成一个满足 $[0,1]$ 之间均匀分布的随机数 u，如果 $u < \alpha(x, x^*)$，那么最终决定随机游走的下一个状态是 x^*，否则下一个状态仍然是 x。这就实现了基于接受率 $\alpha(x, x^*)$ 的转移过程。

5.4.5　建议转移概率矩阵 $\boldsymbol{Q}$ 的设计

最后的问题就是，我们应该构建一个什么样的状态转移矩阵 $\boldsymbol{Q}$ 作为建议转移概率矩阵。先统一一下表述，马尔可夫链状态空间 S 中的任意两个状态 x 和 x^*，分别对应了状态空间中第 i 个状态和第 j 个状态，那么从状态 x 转移到状态 x^* 的概率实际上就是 Q 矩阵第 i 行第 j 列的值，记为 $Q_{ij} = Q(x, x^*)$。请注意，实际上 x 和 x^* 是状态的具体取值，不一定非得是正整数，其对应的状态序号 i 和 j 才必须满足是正整数。

Q 矩阵的选取原则如下：

1）必须满足马尔可夫链状态转移矩阵的归一性，即 $\sum\limits_{j} Q_{ij} = 1$，简单地说也就是 Q 矩阵每一行的和为 1。按照我们的记法，也可以等价写作 $\sum\limits_{x^*} Q(x, x^*) = 1$，这是马尔可夫链的基本性质；

2）获取 t 时刻的状态 x 后，依概率选取（$t+1$）时刻状态 x^* 的过程必须要简单易行，方便用计算机模拟。

下面我们来解决一个新问题，即：当前处在某个特定的状态 x，我们如何决定下一个随机游走到的状态 x^*？就像前面定义的记法，我们可以将问题看作状态空间 S 中状态 x 和 x^* 分别对应了第 i 个状态和第 j 个状态，那么从 t 时刻的状态 x 转移到（$t+1$）时刻状态 x^* 的概率值就存放在矩阵 Q_{ij} 的位置，以此类推构造出整个矩阵 Q。

其中一种比较好的定义方法是：

$$Q_{ij} = Q(x, x^*) = N(\mu = x, \sigma = 1).\text{pmf}(x^*)$$

这是指从 t 时刻的某个指定状态 x 转移到（$t+1$）时刻的指定状态 x^* 的概率等于在均值为 x、方差为 1 的正态分布中取得 x^* 的概率值。正态分布是一个连续型的分布，这里按道理本应写成 pdf，但是因为是计算机采样，实际上我们已经把目标分布以及这里的正态分布都离散化了，所以写成 pmf 更符合实际操作的需要。

那么可以这样构造转移概率矩阵 Q 吗？这样的构造方式好吗？

我们先来讨论这种构造方法的可行性，$\sum_j Q_{ij} = \sum_{x^* \in S} Q(x, x^*) =$ $\sum_{x^* \in S} N(\mu = x, \sigma = 1).\text{pmf}(x^*)$，也就是整个正态分布概率密度曲线上（这里严格说是离散化后的分布列）所有取值点的概率求和等于 1，满足归一化要求，因此可行性满足了，如图 5-12 所示。

图 5-12 是离散化的以 x 为均值，1 为方差的正态分布图，正中间的竖线是 x 的取值，假定当前时刻 x 取值为 2，两侧 3 条深色的竖线表示的是几个 x^* 在该正态分布中的概率取值，而这个概率值就是从状态 x 到状态 x^* 的状态转移概率。

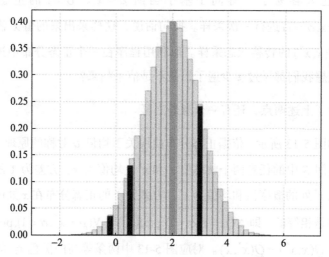

图 5-12　状态转移矩阵 Q 的可行性示意图

举个例子，对于最左侧的 $x^* = -0.2$ 而言，它在参数为 $N(\mu = 2, \sigma = 1)$ 的正态分布中，取值概率为 0.035，也就是 $Q(x = 2, x^* = -0.2) =$

0.035，即从取值为 2 的状态 x 转移到取值为–0.2 的状态 x^* 的概率是 0.035。$Q(2,0.5)=0.13$ 以及 $Q(2,3)=0.242$ 的另外两个情况同理。

像这样，我们建议转移概率矩阵 $\boldsymbol{Q}$ 的 Q_{ij}，也就是 $Q(x,x^*)$ 定义为这个离散化的以 x 为均值、1 为方差的正态分布中 x^* 的取值概率，由于分布列的归一性决定了所有 x^* 的取值概率之和为 1，因此就有了 $\sum_j Q_{ij} = \sum_{x^* \in S} Q(x,x^*) = \sum_{x^* \in S} N(\mu=x,\sigma=1).\mathrm{pmf}(x^*)=1$，这样就清楚地说明了该矩阵 $\boldsymbol{Q}$ 满足可行性要求。

下面继续讨论这种构造方式的优势。

如果当前处于状态 x，依转移概率 $Q(x,x^*)$ 决定下一个转移概率 x^*，这太容易了，等同于基于当前 $\mu=x$、$\sigma=1$ 的正态分布 $N(\mu=x,\sigma=1)$ 进行一次采样。换句话说，这样采出来的值 x^* 满足依概率 $Q(x,x^*)$ 的转移状态采样。而利用程序在一个正态分布中进行采样，想想我们都做过多少遍了，是不是信手拈来？

除了上述两点，还有一个意外之喜。

如图 5-13 所示，依据正态分布曲线关于均值 μ 对称的原理，对于状态空间 S 中的任意两个状态值 x 和 x^*，均值为 x、方差为 1 的正态分布在 x^* 处的概率值和均值为 x^*、方差为 1 的正态分布在 x 处的概率值显然是相等的，即 $N(\mu=x,\sigma=1).\mathrm{pmf}(x^*) = N(\mu=x^*,\sigma=1).\mathrm{pmf}(x)$，相当于 $Q(x,x^*)=Q(x^*,x)$。对应图 5-13 中两条等高的黑色竖直线段。

这条性质带来的好处是显而易见的，接受概率的表达式 $\alpha(x,x^*)=\min\left[1,\dfrac{\pi(x^*)Q(x^*,x)}{\pi(x)Q(x,x^*)}\right]$ 可以因为 $Q(x,x^*)=Q(x^*,x)$ 而被简

化成 $\alpha(x,x^*) = \min\left[1, \dfrac{\pi(x^*)}{\pi(x)}\right]$，这为代码模拟提供了便利。

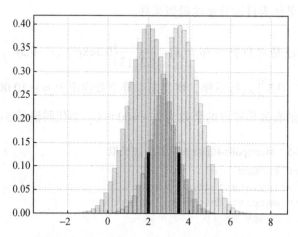

图 5-13　关于 $Q(x,x^*) = Q(x^*,x)$ 性质的解释

5.4.6　Metropolis-Hastings 方法的步骤和代码演示

最后我们来归纳一下马尔可夫链-蒙特卡罗方法中 Metropolis-Hastings 采样的步骤，并用 Python 进行演示。

对于目标采样分布 $\pi(x)$ 操作如下。

第一步：随机选定一个起始点 x，指定燃烧期 m 和稳定期 N。

第二步：开始采样，每一轮采样都以上一轮的采样值 x 为均值，方差为 1，生成一个正态分布，然后在这个正态分布中依概率随机选取一个值 x^*。

第三步：在 $[0,1]$ 的均匀分布中随机生成一个数 u，并指定接收概率 $\alpha(x,x^*) = \min\left[1, \dfrac{\pi(x^*)}{\pi(x)}\right]$，如果 $u < \alpha$，本轮新的采样值为 $x = x^*$，否

则本轮新的采样值仍为上一轮的 x。

重复第二步、第三步采样过程（$m + N$）次，结束后，保留后 N 次采样结果作为目标分布的近似采样。

我们还是对目标分布 $\pi(x) = \dfrac{1}{1.2113}\left\{0.3\exp\left[-(x - 0.3)^2\right] + 0.7\exp\left[-(x - 2)^2 / 0.3\right]\right\}$ 进行采样，燃烧期采样个数设定为 $m = 10\,000$，最终实际保留的有效采样点的个数为 $N = 100\,000$，如代码清单 5-5 所示。

代码清单 5-5　Metropolis-Hastings 采样方法模拟

```python
import random
from scipy.stats import norm
import matplotlib.pyplot as plt
import numpy as np


#目标采样分布 pi
def pi(x):
    return (0.3 * np.exp(-(x - 0.3) ** 2) +
            0.7 * np.exp(-(x - 2.) ** 2 / 0.3)) / 1.2113


m = 10000   #燃烧期样本数
N = 100000  #实际保留的有效样本数
sample = [0 for i in range(m + N)]  #采样数组


sample[0] = 2  #任选一个起始点，选择默认的 0 也可以，效果一样
#基于接受概率，建议在马尔可夫链上随机游走采样
for t in range(1, m + N):
    x = sample[t - 1]
    x_star = norm.rvs(loc=x, scale=1,
                size=1)[0]  #生成下一时刻随机游走的点 x*
    alpha = min(1, (pi(x_star) / pi(x)))  #接受概率
    u = random.uniform(0, 1)
            #生成满足 0~1 之间均匀分布的随机数
```

```
    if u < alpha:                  #接受-拒绝的过程
        sample[t] = x_star
    else:
        sample[t] = x
x = np.arange(-2, 4, 0.01)
plt.plot(x, pi(x), color='r', lw=3) #实际目标分布
#实际分布的近似采样
plt.hist(sample[m:], bins=100, density=True,
    edgecolor='k', alpha=0.6)
plt.grid('--')
plt.show()
```

运行结果如图 5-14 所示。

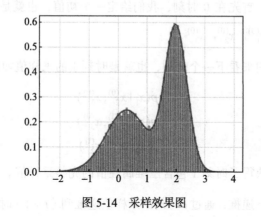

图 5-14 采样效果图

5.5 Gibbs 采样方法简介

这一节, 我们在 Metropolis-Hastings 算法的思想基础上介绍 Gibbs 采样方法, 并用 Python 进行演示。

5.5.1 Gibbs 方法核心流程

在 Metropolis-Hastings 方法的基础上, 我们再介绍一下 Gibbs 采

样方法。Gibbs 采样是一种针对高维分布的采样方法，假设待采样的高维目标分布为 $p(x_1, x_2, \cdots, x_m)$，Gibbs 采样的目标就是从这个高维分布中采样出一组样本 $x^{(1)}, x^{(2)}, x^{(3)}, \cdots, x^{(N)}$，使得这一组样本服从 m 维分布 $p(x)$。

我们先约定一个记法：按照上述假设，从分布中采得的样本 x 是一个拥有 m 维属性的样本值，x_i 表示某个样本 x 的第 i 维属性，x_{-i} 表示除第 i 维属性外剩余的 $m-1$ 维属性 $x_1, x_2, \cdots, x_{i-1}, x_{i+1}, \cdots, x_m$。

采样的核心在于 7 个字：一维一维地采样。

那么何谓一维一维地采样呢？我们以三维随机变量 x 为例：$p(x) = p(x_1, x_2, x_3)$。首先在 0 时刻，我们给定一个初值，也就是 $x^{(0)}$ 的 3 个属性的值：$x_1^{(0)}$，$x_2^{(0)}$，$x_3^{(0)}$。

此时我们来看下一个时刻，也就是时刻 1 的采样值如何生成：

$$x_1^{(1)} \sim p(x_1 \mid x_2^{(0)}, x_3^{(0)})$$
$$x_2^{(1)} \sim p(x_2 \mid x_1^{(1)}, x_3^{(0)})$$
$$x_3^{(1)} \sim p(x_3 \mid x_1^{(1)}, x_2^{(1)})$$

这样就获得了时刻 1 包含三维属性值的完整采样值。

接着往下递推，通过 t 时刻的采样值递推到 $(t+1)$ 时刻，也是如上述方法那样一维一维生成采样值的各个属性：固定其他维的属性值，通过条件概率，依概率生成 $(t+1)$ 时刻的某一维度的属性值。

$$x_1^{(t+1)} \sim p(x_1 \mid x_2^{(t)}, x_3^{(t)})$$
$$x_2^{(t+1)} \sim p(x_2 \mid x_1^{(t+1)}, x_3^{(t)})$$
$$x_3^{(t+1)} \sim p(x_3 \mid x_1^{(t+1)}, x_2^{(t+1)})$$

这样就由 t 时刻的采样值 $x^{(t)}$ 得到了下一时刻 $(t+1)$ 的采样值 $x^{(t+1)}$。

按照该方法循环下去，就可以采样出 N 个样本值 $x^{(1)}, x^{(2)}$, $x^{(3)}, \cdots, x^{(N)}$，丢弃前面燃烧期的样本，剩下的样本就服从我们的目标高维分布。

5.5.2 Gibbs 采样的合理性

以上就是 Gibbs 采样的核心流程，但是有一个问题我们始终没有讨论：为什么通过这种采样方法采得的样本能够服从目标分布 $p(x)$？

拿 Gibbs 采样和 Metropolis-Hastings 方法进行类比，我们会发现其实 Gibbs 采样就是 Metropolis-Hastings 采样的一种特殊情况，这个结论可以证明 Gibbs 采样的可行性。注意逻辑是这样的，我们已经证明了 Metropolis-Hastings 是符合细致平稳条件的，而只要证明 Gibbs 是 Metropolis-Hastings 的一种特殊情况，就能够说明 Gibbs 也符合细致平稳条件，从而证明其可行性，我们看看具体该怎么做。

首先，我们采样的目标分布是 $p(x)$，而实际使用的建议转移过程 Q 就是概率 p 本身，$Q(x, x^*) = p(x_i^* | x_{-i})$。你发现了吗？在这个采样过程中，好像没有出现接受率 α。

我们重新来看接受率 $\alpha(x, x^*)$ 的定义式：$\alpha(x, x^*) = \min \left[1, \dfrac{p(x)Q(x, x^*)}{p(x^*)Q(x^*, x)} \right]$，重点在于 $\dfrac{p(x)Q(x, x^*)}{p(x^*)Q(x^*, x)}$ 这个式子。通过联合概率和条件概率的一些性质对概率 $p(x)$ 以及 $p(x^*)$ 进行处理，即 $p(x) = p(x_i, x_{-i}) = p(x_i | x_{-i})p(x_{-i})$，然后重新带入 $\dfrac{p(x)Q(x, x^*)}{p(x^*)Q(x^*, x)}$ 中，则有

$$\frac{p(x)Q(x,x^*)}{p(x^*)Q(x^*,x)} = \frac{[p(x_i \mid x_{-i})p(x_{-i})]p(x_i^* \mid x_{-i})}{[p(x_i^* \mid x_{-i}^*)p(x_{-i}^*)]p(x_i \mid x_{-i}^*)} 。$$

这个式子如何化简呢?我们发现,上面的转移过程 $x \to x^*$ 是通过固定采样值 x 的 $-i$ 维属性单采 x^* 的第 i 维属性值,那么在一次属性采样前后,x_{-i} 和 x_{-i}^* 其实是一回事,我们把上面式子中所有的 x_{-i}^* 都替换成 x_{-i},就有:

$$\frac{p(x)Q(x,x^*)}{p(x^*)Q(x^*,x)} = \frac{[p(x_i \mid x_{-i})p(x_{-i})]p(x_i^* \mid x_{-i})}{[p(x_i^* \mid x_{-i})p(x_{-i})]p(x_i \mid x_{-i})} = \frac{[p(x_i \mid x_{-i})p(x_{-i})]p(x_i^* \mid x_{-i})}{[p(x_i^* \mid x_{-i})p(x_{-i})]p(x_i \mid x_{-i})} = 1$$

也就是说 Gibbs 采样中的接受率 α 为:

$$\alpha(x, x^*) = \min\left[1, \frac{p(x)Q(x,x^*)}{p(x^*)Q(x^*,x)}\right] = \min(1,1) = 1 。$$

因此细致平稳条件的原始等式 $p(x) Q(x,x^*) \alpha(x,x^*) = p(x^*) Q(x^*,x)\alpha(x^*,x)$ 中的接受率 $\alpha = 1$,等式进一步化简为:

$$p(x)Q(x,x^*) = p(x^*)Q(x^*,x)$$

其中,$Q(x,x^*) = p(x_i^* \mid x_{-i})$。

因此 $p(x)$ 和 $Q(x,x^*)$ 满足细致平稳条件,按照 Q 描述的状态转移过程所得到的采样样本集,在样本数量足够多的情况下,就近似为目标分布 $p(x)$。

可是我们把建议转移概率矩阵 Q 定为 p 的满条件概率,显然有一个限制条件,那就是高维分布 p 的所有满条件概率都是易于采样的。

5.5.3　Gibbs 采样代码实验

说了这么多,我们举个具体的例子。设目标分布是一个二维的高斯分布，它的均值向量 $\boldsymbol{\mu} = \begin{bmatrix} 2 \\ 4 \end{bmatrix}$，协方差矩阵 $\boldsymbol{\Sigma} = \begin{bmatrix} 1 & 0.7 \\ 0.7 & 1 \end{bmatrix}$，即 x 包

含两维属性 (x_1, x_2)，$x \sim N(\boldsymbol{\mu}, \boldsymbol{\Sigma})$。

我们通过 Gibbs 采样的方法，获取服从上述分布的一组样本值。

很显然，这个二维高斯分布的目标分布是可以进行 Gibbs 采样的，因为高斯分布有一个很好的性质，我们之前反复说过，那就是高斯分布的条件分布也是高斯分布，因此保证了一维一维采样的过程是顺畅的。

我们先给出二维高斯分布的条件概率分布公式。

x 包含两维属性 (x_1, x_2)，$x \sim N(\boldsymbol{\mu}, \boldsymbol{\Sigma})$，其中 $\boldsymbol{\mu} = \begin{bmatrix} \mu_1 \\ \mu_2 \end{bmatrix}$，$\boldsymbol{\Sigma} = \begin{bmatrix} \delta_{11} & \delta_{12} \\ \delta_{21} & \delta_{22} \end{bmatrix}$。

那么条件分布 $x_1 \mid x_2$ 和 $x_2 \mid x_1$ 分别服从下面的形式：

$$x_1 \mid x_2 \sim N\left[\mu_1 + \frac{\delta_{12}}{\delta_{22}}(x_2 - \mu_2), \delta_{11} - \frac{\delta_{12}\delta_{21}}{\delta_{22}} \right]$$

$$x_2 \mid x_1 \sim N\left[\mu_2 + \frac{\delta_{21}}{\delta_{11}}(x_1 - \mu_1), \delta_{22} - \frac{\delta_{21}\delta_{12}}{\delta_{11}} \right]$$

这就是二维高斯分布采样过程中逐维采样所依从的满条件分布。因为是高斯分布，因此操作尤其简便，下面我们来看代码清单 5-6。

代码清单 5-6 Gibbs 采样方法模拟

```
import numpy as np
import matplotlib.pyplot as plt

#依照 x₁|x₂ 的条件高斯分布公式，给定 x₂ 的条件情况下采样出 x₁
```

```
def p_x1_given_x2(x2, mu, sigma):
    mu = mu[0] + sigma[0][1] / sigma[1][1] * (x2 - mu[1])
    sigma = sigma[0][0] - sigma[0][1]*sigma[1][0] /
            sigma[1][1]
    return np.random.normal(mu, sigma)
```

#依照 $x_2|x_1$ 的条件高斯分布公式，给定 x_1 的条件情况下采样出 x_2
```
def p_x2_given_x1(x1, mu, sigma):
    mu = mu[1] + sigma[1][0] / sigma[0][0] * (x1 - mu[0])
    sigma = sigma[1][1] - sigma[1][0]*sigma[0][1] /
            sigma[0][0]
    return np.random.normal(mu, sigma)
```

#Gibbs 采样过程
```
def gibbs_sampling(mu, sigma, samples_period):
    samples = np.zeros((samples_period, 2))
    x2 = np.random.rand() * 10
    for i in range(samples_period):
        x1 = p_x1_given_x2(x2, mu, sigma)
        x2 = p_x2_given_x1(x1, mu, sigma)
        samples[i, :] = [x1, x2]
    return samples
```

#目标分布 $p(x)$
```
mus = np.array([2, 4])
sigmas = np.array([[1, .7], [.7, 1]])
```

#确定总的采样期和燃烧期
```
burn_period = int(1e4)
samples_period = int(1e5)
```
#得到采样样本，舍弃燃烧期样本点
```
samples = gibbs_sampling(mus, sigmas, samples_period)
    [burn_ period:]
plt.plot(samples[:, 0], samples[:, 1], 'ro', alpha=0.05,
    markersize=1)
plt.grid(ls='--')
plt.show()
```

运行结果如图 5-15 所示。

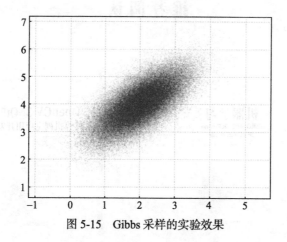

图 5-15 Gibbs 采样的实验效果

这个采样结果的分布看上去是令人满意的, 以上就是 Gibbs 采样的原理和演示过程。

推荐阅读

机器学习：使用OpenCV和Python进行智能图像处理

作者：Michael Beyeler ISBN：978-7-111-61151-6 定价：69.00元

OpenCV 3和Qt5计算机视觉应用开发

作者：Amin Ahmaditazehkandi ISBN：978-7-111-61470-8 定价：89.00元

计算机视觉算法：基于OpenCV的计算机应用开发

作者：Amin Ahmadi 等 ISBN：978-7-111-62315-1 定价：69.00元

Java图像处理：基于OpenCV与JVM

作者：Nicolas Modrzyk ISBN：978-7-111-62388-5 定价：99.00元